ELEMENS

DE

CHYMIE.

ELEMENS
DE
CHYMIE
THEORIQUE.

Par M. MACQUER , Docteur-Régent de
la Faculté de Médecine de Paris , & de
l'Académie Royale des Sciences.

A PARIS,

Chés JEAN - THOMAS HERISSANT
rue Saint Jacques , à Saint Paul
& à Saint Hilaire.

M. DCC. XLIX.
Avec Approbation & Privilége du Roi.

A

MONSEIGNEUR

DE MACHAUT,

COMMANDEUR

DES ORDRES DU ROI,

CONTROLEUR-GENERAL

DES FINANCES.

*M*ONSEIGNEUR,

L'ETAT *floriſſant où ſont aujourd'*hui tous les Arts, *fait applaudir au* choix du Monarque éclairé qui les a confiés à vos ſoins, & prouve combien il leur eſt avantageux d'être l'objet de

❦ iij

l'attention d'un Ministre qui n'a rien
de plus à cœur que leur avancement.
La plupart de ces Arts doivent aux Sciences leur origine & leurs progrès ; la
Chymie en particulier a droit de réclamer
tous ceux qui ne dépendent point des
Mathématiques. C'est ce qui m'engage à
vous offrir , & me donne lieu d'es-
pérer , MONSEIGNEUR , que
vous voudrez bien recevoir avec bonté
un Livre qui contient les principes fondamentaux de cette Science. Heureux
d'avoir cette occasion de vous témoigner
le zèle respectueux avec lequel je suis ;

MONSEIGNEUR,

Votre très-humble &
très-obéissant Servi-
teur MACQUER.

PRÉFACE.

Epuis que les hommes, re-
venus de leurs anciens pré-
jugés, ont senti en cultivant les
Sçiences & la Physique, que ce
n'étoit point par de vains rai-
sonnemens qu'ils pouvoient parvenir à connoître les causes de
tous les phénoménes que l'uni-
vers ne cesse de leur offrir; mais
que les bornes prescrites à leur
esprit, ne leur laissoient d'autre
moyen d'approfondir les mer-
veilles de la nature, que l'usage
de leurs sens, c'est-à-dire l'expérience : on peut dire avec vérité que la Physique a entièrement
changé de face, & qu'elle a fait
plus de progrès dans l'espace d'un
siécle & demi qu'il y a qu'on

suit cette méthode, quelle n'en
avoit fait dans les milliers d'années qui ont précédé.

Mais fi cela eft vrai à l'égard
des autres parties de la Phyfique,
la chofe eft en quelque forte
encore plus certaine par rapport
à la Chymie. Quoiqu'on ne puiffe dire que cette Science ait jamais été deftituée d'expériences,
cependant elle étoit tombée dans
le même inconvénient que les
autres, pareeque ceux qui la cul-
tivoient ne faifoient leurs expériences qu'en conféquence de
raifonnemens & de principes
qui n'avoient de fondement que
dans leur imagination.

De-là cet amas mal afforti, &
cette énorme confufion de faits
qui étoient il y a quelque
tems toute la fçience des Chymiftes. La plupart (c'étoit ceux
principalement qui prenoient le

faftueux nom d'Alchymiftes)
croyoient par exemple, que les
métaux n'étoient qu'un or commencé & ébauché par la nature,
qui par la coction qu'ils éprou-
voient dans les entrailles de la
terre, acquéroient différens dégrés de maturité & de perfec-
tion, & pouvoient enfin devenir
entièrement femblables à ce beau
métal.

Sur ce principe, qui s'il n'eft
pas démontré abfolument faux,
eft au moins dénué de toute cer-
titude, & n'eft fondé fur aucune
obfervation, ils ont entrepris
d'achever l'ouvrage de la nature,
& de procurer aux métaux imparfaits cette coction fi defirable.
Pour y parvenir, ils ont fait une
infinité d'expériences & de tenta-
tives, qui n'ont fervi qu'à démen-
tir leur fyftême & à faire fentir
aux plus fenfés combien étoit dé-

fectueuse la méthode qu'ils a-
voient employée.

Cependant, comme les faits ne
sont jamais inutiles en Physique,
il est arrivé que ces expériences,
quoiqu'infructueuses à l'égard de
l'objet pour lequel elles avoient
été entreprises, ont été l'occasion
de beaucoup d'autres découvertes curieuses & avantageuses.

L'effet que cela a produit a
été d'exciter le courage de ces
Chymistes, ou plutôt Alchymistes, qui regardoient ces succès
comme des acheminemens au
grand œuvre , & d'augmenter
beaucoup la bonne opinion qu'ils
avoient d'eux-mêmes, & de leur
Science, qu'ils préféroient à cause
de cela à toutes les autres. Ils
ont même poussé si loin cette
idée de supériorité , qu'ils ont re-
gardé le reste des hommes comme indignes ou incapables de

s'élever à des connoissances si sublimes. En conséquence, la Chymie est devenue une Science occulte & mystérieuse ; ses expressions n'étoient que des figures, ses tours de phrase des métaphores, ses axiomes des enigmes, en un mot le caractère propre de son langage étoit d'être obscur & inintelligible.

Par ce moyen ces Chymistes, en voulant cacher leurs secrets, avoient rendu leur Art inutile au genre humain, & de-là justement méprisable. Mais enfin le goût de la vraie Physique a prévalu dans la Chymie, comme dans les autres Sciences. Il s'est élevé de grands génies, des hommes assés généreux pour croire que leur savoir ne seroit véritablement estimable qu'autant qu'il seroit profitable à la Société. Ils ont fait leurs efforts pour rendre publiques & utiles, tant de belles connoiſſances auparavant infructueuſes ; ils ont tiré le voile qui couvroit la Chymie : & cette Science en ſortant des profondes ténébres dans leſquelles elle étoit cachée depuis tant de ſiécles, n'a fait que gagner à ſe montrer au grand jour. Pluſieurs ſociétés de ſçavans ſe ſont formées dans les Royaumes les plus éclairés de l'Europe : elles ont travaillé à l'envi les unes des autres à l'exécution d'un ſi beau projet ; la Science eſt devenue communicative, la Chymie a fait des progrès rapides, les Arts qui en dépendent ſe ſont enrichis & perfectionnés ; elle a pris une forme nouvelle, en un mot elle a mérité pour lors véritablement le nom de Science, ayant ſes principes & ſes régles fondés ſur de ſolides expériences & des raiſonnemens conſéquens.

Depuis ce tems, les connoif-
fances des Chymiftes fe font tellement multipliées, & celles qu'ils
acquiérent encore par une expérience journaliere augmentent
fi fort l'étendue de leur Art, qu'il
faut auffi des livres d'une très-
grande étendue pour le décrire
en entier. En un mot on peut
en quelque forte comparer à préfent la Chymie à la Géométrie ;
l'une & l'autre Science offre une
matière extrêmement ample, qui
augmente confidérablement chaque jour ; elles font toutes deux
le fondement des Arts utiles &
même néceffaires à la Société ;
elles ont leurs axiomes & leurs
principes certains, les uns démon-
trés par l'évidence, & les autres
appuyés fur l'expérience ; parcon-
féquent l'une peut auffi-bien que
l'autre être réduite à certaines vérités fondamentales qui font la

source de toutes les autres. Ce
sont ces vérités fondamentales
qui réunies ensemble, & présen-
tées avec ordre & précision, forment ce qu'on appelle Elémens
d'une Science. On n'ignore point
combien on a multiplié ces sortes d'ouvrages à l'égard de la
Géométrie ; mais il n'en est pas
de-même de la Chymie, il n'y a
qu'un très - petit nombre de livres qui traitent de cette Science
réduite sous la forme élémentaire.

On ne peut cependant dis-
convenir que les Ouvrages de
cette espéce ne soient d'une très-
grande utilité. Une infinité de
personnes qui ont du goût pour
les Sciences, sans avoir assés de
loisir pour lire des Traités com-
plets qui descendent dans de
grands détails, aiment à trouver
un livre par le moyen duquel,
sans sacrifier beaucoup de leur

tems , & se détourner de leurs occupations ordinaires , elles peuvent prendre une teinture & une idée juste d'une Science qui n'est point leur principal objet. Ceux qui ont dessein de pousser plus loin l'étude & d'approfondir davantage , peuvent se faciliter par la lecture d'un Traité élémentaire l'intelligence des Auteurs , qui n'écrivant le plus souvent que pour les gens de l'Art, sont obscurs & difficiles à entendre pour les commençans. Enfin j'ose dire que des Élémens de Chymie peuvent être un livre fort utile à ceux même qui ont déja fait des progrès dans cette Science : car comme ils ne renferment que les propositions fondamentales, & qu'ils sont un abrégé de toute la Chymie, ils servent à récapituler ce qu'on a lu de plus important dans différens livres, & à fixer dans la mémoire les vérités les plus essentielles, qui sans ce secours pourroient s'y confondre avec d'autres, ou être oubliées. Ce sont toutes ces raisons qui m'ont déterminé à composer l'Ouvrage que je donne au Public.

Le plan que je me suis principalement proposé de suivre, est de ne supposer aucune connoissance Chymique dans mon Lecteur; de le conduire des vérités les plus simples & qui supposent le moins de connoissances, aux vérités les plus composées qui en demandent davantage. Cet ordre que je me suis prescrit, m'a imposé la loi de traiter d'abord des substances les plus simples que nous connoissions, & que nous regardons comme les élémens dont les autres sont composées, parceque la connoissance des propriétés de ces parties élémentaires conduit naturellement

rellement

rellement à découvrir celles de
leurs différentes combinaisons ;
& qu'au contraire la connoissance des propriétés des corps composés, demande qu'on soit déja
instruit de celles de leurs principes. La même raison m'engage,
lorsque je traite des propriétés
d'une substance, à ne parler d'aucune de celles qui sont relatives
à quelqu'autre substance dont je
n'ai point encore parlé. Par
exemple, traitant des acides avant
les métaux, je ne parle point à
l'article de ces acides, de la propriété qu'ils ont de dissoudre ces
mêmes métaux ; j'attens pour en
parler que j'en sois à l'article des
métaux : cela me fait éviter de
parler avant son tems d'une subftance que je suppose entièrement
inconnue au Lecteur. Je me suis
déterminé d'autant plus volontiers à suivre cette méthode, que

je ne connois aucun livre de Chymie qui foit fait fur ce plan.

Après avoir parlé fommairement des élémens, je traite des fubftances qui en font immédiatement compofées, & après eux font les plus fimples; telles font les matieres falines. Cet article renferme les acides minéraux, les alkalis fixes, & leurs différentes combinaifons, l'efprit fulphureux volatil, le fouffre, le phofphore & les fels neutres qui ont pour bafe une terre ou un alkali fixe; ceux qui ont pour bafe un alkali volatil ou une fubftance métallique font renvoyés, conformément à notre plan, aux articles où on traite de ces matieres.

Les fubftances métalliques ne font guères plus compofées que les matieres falines; c'eft ce qui m'engage à en parler immédiatement après. Je commence par celles qui font les plus fimples, ou du moins dont les principes étant unis enfemble plus étroitement, font plus difficiles à féparer : telles font les métaux proprement dits, l'Or, l'Argent, le Cuivre, le Fer, l'Etain, & le Plomb. Enfuite viennent par ordre les demi-métaux, le Régul d'Antimoine, le Zinc, le Bifmuth, & le Régul d'Arfenic. Le Mercure étant une fubftance douteufe, que certains Chymiftes rangent dans la claffe des métaux, d'autres dans celle des demi-métaux, parce qu'il a effectivement des propriétés qui lui font communes avec les uns & les autres, j'en ai traité dans un chapitre particulier que j'ai placé entre les métaux & les demi-métaux.

Je paffe enfuite à l'examen des différentes efpéces d'huiles, tant des végétales, qui fe divifent en

huiles graſſes, eſſentielles & em-
pyreumatiques, que des animales, & des minérales.

L'examen des matières dont
je viens de parler donne des idées
de tous les principes qui entrent
dans la combinaiſon des corps
végétaux & animaux, & par
conſéquent des matières qui ſont
ſuſceptibles de fermentation : je
ſuis donc en état pour lors de
parler de la fermentation en général ; de ſes trois différens dégrés ou eſpéces, qui ſont la ſpiritueuſe, l'acide & la putride ;
& des produits de ces fermentations, les eſprits ardens, les acides analogues à ceux des végétaux & des animaux, & les alkalis volatils.

Comme l'ordre dans lequel
nous traitons de toutes ces ſubſtances n'eſt pas celui dans lequel
on les retire des corps compoſés,

je donne dans un chapitre particulier une idée générale de
l'Analyſe Chymique, dont le but
eſt de faire voir dans quel ordre on
les retire des différentes matières
dans la compoſition deſquelles
elles ſont entrées : cela les remet
ſous les yeux une ſeconde fois,
& me donne occaſion de faire
diſtinguer celles qui exiſtent naturellement dans les corps compoſés, d'avec celles qui ne ſont
que le réſultat de la combinaiſon
que le feu fait de quelques-uns
de leurs principes.

Ce chapitre eſt ſuivi de l'explication de la Table des Affinités
de feu M. Geoffroy, que je crois
très-utile à la fin d'un Traité élémentaire comme celui-ci, pour
raſſembler ſous un ſeul point de
vue les vérités les plus eſſentielles
& fondamentales diſperſées dans
tout l'Ouvrage.

Je finis par expofer la conftruction & l'ufage des vaiffeaux
& fourneaux les plus ufités.

Je ne parle point dans cet Ouvrage, de la manipulation & des
différentes manières de faire les
opérations chymiques, ainfi ce
n'eft qu'un Traité élémentaire de
Chymie théorique. Si le Public
le juge digne de fon attention,
j'en donnerai un autre, où il fera
uniquement queftion des opérations : il fera comme la fuite de
celui-ci, en fuppofera la lecture,
& fera un livre d'élémens de
Chymie pratique.

Fin de la Préface.

TABLE
DES CHAPITRES
contenus dans ce Volume.

Fin de la Table.

ELEMENS

ELEMENS
DE CHYMIE
THÉORIQUE.

CHAPITRE PREMIER.

Des Principes.

Eparer les différentes subsistances qui entrent dans la composition d'un corps, les examiner chacune en particulier, reconnoître leurs propriétés & leurs analogies, les décomposer encore elles-mêmes si cela est possible, les comparer & les combiner avec d'autres substances, les réunir & les rejoindre de nouveau ensemble, pour faire reparoître le premier mixte avec

A

toutes ſes propriétés ; c'eſt-là l'objet &
le but principal de la Chymie.

Mais cette analyſe , & cette décompoſition des corps eſt bornée : nous ne
pouvons la pouſſer que juſqu'à un certain point , au-delà duquel tous nos
efforts ſont inutiles. De quelque manière que nous nous y prenions , nous
ſommes toujours arrêtés par des ſubſtances que nous trouvons inaltéra-
bles , que nous ne pouvons plus décompoſer, & qui nous ſervent comme
de barrières au - delà deſquelles nous
ne pouvons aller.

C'eſt à ces ſubſtances que nous de-
vons , je crois , donner le nom de principes ou d'élémens , au moins le ſont-
elles véritablement par rapport à nous ;
telles ſont principalement la Terre &
l'Eau, auxquelles on peut ajouter l'Air
& le Feu. Car quoiqu'il y ait lieu de
croire que ces ſubſtances ne ſont pas
effectivement les parties primordiales
de la matière , & les élémens les plus
ſimples ; comme l'expérience nous a
appris qu'il nous eſt impoſſible de reconnoître par nos ſens quels ſont les
principes dont elles ſont elles-mêmes

composées, je crois qu'il est plus raisonnable de nous en tenir là, & de les considérer comme des corps simples, homogènes & principes des autres, que de nous fatiguer à deviner de quelles parties ou élémens elles peuvent être composées, n'ayant aucun moyen de nous assurer si nous avons rencontré juste, ou si nos idées ne sont que des chimères. Nous regarderons donc ces quatre substances comme principes ou élémens de tous les différens composés que nous offre la nature, parcequ'effectivement de toutes celles que nous connoissons, ce sont les plus simples, & que le résultat de toutes nos analyses, & de nos expériences sur les autres corps, est de nous faire appercevoir qu'ils se réduisent enfin à ces parties primitives.

Ces principes ne sont point en même quantité dans les différens corps ; il y a même certains mixtes dans la combinaison desquels tel ou tel principe n'entre aucunement : par exemple, l'air & l'eau sont totalement exclus de la composition des métaux. Nous nommerons les mixtes qui sont composés immédiatement de ces premiers élémens, Principes secondaires, parcequ'effectivement, ce sont leurs différentes unions mutuelles, & leurs combinaisons réciproques, qui constituent la nature & la différence de tous les autres corps qui, comme résultats de la jonction des principes tant primitifs que secondaires, méritent proprement le nom de composés, ou de mixtes.

Avant de passer à l'examen des corps composés, il est à propos de s'arrêter quelque tems à considérer les plus simples, ou nos quatre premiers principes, pour en reconnoître les principales propriétés.

L'Air. L'Air est le fluide que nous respirons continuellement, & qui environne toute la superficie du globe terrestre. Etant pesant comme tous les autres corps, il pénétre dans tous les endroits qui lui sont ouverts, & où il ne s'en trouve point de plus pesant que lui. Sa principale propriété est d'être susceptible de condensation & de raréfaction ; en sorte qu'une même quantité d'Air peut occuper un espace beaucoup plus ou beaucoup moins L'Air. grand, suivant l'état où il se trouve. La chaleur & le froid, ou si l'on veut la présence ou l'absence des parties de feu, sont les causes les plus ordinaires & même la régle de sa condensation ou de sa raréfaction; en sorte que si on échauffe une certaine quantité d'Air, cet Air augmente de volume à proportion du dégré de chaleur qu'il éprouve; d'où il arrive que dans le même espace, il se trouve un moindre nombre de ses parties qu'il n'y en avoit avant qu'il fût échauffé : l'effet contraire est produit par le froid.

C'est cette propriété qu'a l'Air de se condenser ou de se dilater par l'action du feu, qui met principalement en jeu son élasticité; car si l'Air qu'on force par la condensation à occuper un espace moindre qu'il n'occupoit d'abord, éprouvoit en même-tems un dégré de froid assés considérable, il demeureroit dans une inaction parfaite, & cesseroit de faire effort comme il a coutume, sur les corps qui le compriment. De même, l'Air qui est échauffé ne fait paroître son élasticité, que parceque la

A iij

L'AIR. chaleur le force à occuper un espace plus grand qu'il n'occupoit d'abord.

L'Air entre dans la composition de plusieurs substances, sur-tout végétales & animales. Car on ne peut faire l'analyse de la plupart de ces matières, qu'il ne s'en dégage une quantité, qui est même si considérable, que cela a fait douter à quelques Physiciens qu'il eût sa propriété élastique lorsqu'il est ainsi combiné avec les autres principes pour entrer dans la composition des corps. Suivant eux, l'effet de l'élasticité de l'Air est si prodigieux, & son effort est si énorme lorsqu'il est comprimé, qu'il est impossible que les parties qui composent les corps pussent le retenir dans un état de compression aussi considérable qu'il faudroit qu'il fût, s'il étoit renfermé entre les parties de ces mêmes corps avec toute son élasticité.

Quoiqu'il en soit, c'est cette propriété élastique de l'Air, qui est la cause des plus singuliers & des plus importans phénomènes qu'il présente, tant dans l'analyse que dans la combinaison des corps.

L'Eau eſt un corps ſi connu, qu'il eſt preſque inutile d'en donner ici une idée générale : tout le monde ſçait que c'eſt une ſubſtance diaphane, inſipide, & pour l'ordinaire fluide. Je dis pour l'ordinaire ; car attendu que quand elle éprouve un certain dégré de froid elle devient ſolide, ſon état naturel paroît au contraire être la ſolidité.

Lorſque l'Eau eſt expoſée au feu, elle s'echauffe ; mais juſqu'à un certain point au-delà duquel ſa chaleur n'augmente plus, quelque violent que ſoit le feu auquel on l'expoſe : ce dégré de chaleur eſt l'état où elle eſt lorſqu'elle bout à gros bouillons. La raiſon de ce phénoméne, eſt que l'Eau eſt volatile, & ne peut ſupporter la chaleur ſans s'évaporer & ſe diſſiper entièrement. Si cependant on applique à l'Eau une chaleur ſi violente & ſi ſubite qu'elle n'ait point le tems de s'exhaler doucement en vapeurs ; comme ſi par exemple on en jette une petite quantité dans un métal qui eſt en fuſion : alors elle ſe diſſipe, mais avec une telle impétuoſité, qu'il ſe fait une détonnation des plus terribles & des plus dangereuſes. On

L'Eau. peut rapporter la cause de cet effet sur-
prenant, à la dilatation subite des parties même de l'eau, ou-bien de celles
de l'air qu'elle contient. Car le bouillonnement qu'elle éprouve lorsqu'elle
est exposée au feu, ou dans le récipient
de la machine pneumatique, qui n'est
autre chose que le dégagement de l'air
qui souléve, en sortant, ses parties,
prouve qu'elle contient une certaine
quantité d'air, dont il est même comme
impossible de la dépouiller entièrement.

Au reste, l'Eau entre dans la combinaison de beaucoup de corps, tant
composés que principes secondaires ;
mais elle est exclue, comme l'air, de la
combinaison des métaux & de la plupart des minéraux ; au moins cela est
prouvé par toutes les expériences qu'on
a faites jusqu'à présent sur cette matière. Car quoiqu'il se trouve une quantité
d'Eau immense dans les entrailles de
la terre, & qu'elle mouille tout ce qui y
est contenu, il faut bien se donner de
garde de conclure qu'elle soit pour
cela un des principes des minéraux :
elle n'est qu'interposée entre leurs par-

ties, puisqu'on peut les en dépouiller entièrement, sans qu'ils souffrent la moindre décomposition : elle ne peut même contracter avec eux aucune union intime.

Les deux principes dont nous venons de parler sont, comme nous l'avons dit, volatils ; c'est-à-dire que le feu les sépare des corps dans la composition desquels ils entrent, en les enlevant & les dissipant. Celui dont il s'agit à présent, je veux dire la Terre, est fixe, & résiste, quand il est absolument pur, à la plus grande violence du feu. Ainsi on doit regarder ce qui reste d'un corps quand il a été exposé à l'action du feu la plus vive, comme contenant principalement son principe terreux. Je dis contenant principalement, pour deux raisons : la première, c'est qu'il arrive souvent que ce résidu ne contient pas effectivement toute la terre qui entroit dans la combinaison du mixte qu'on a décomposé, attendu, comme nous le verrons par la suite, que la Terre, quoique fixe par elle-même, peut être rendue volatile quand elle est jointe intimement avec certai-

nes substances qui le sont, & qu'il est
assés ordinaire qu'une partie de la Terre d'un corps soit ainsi volatilisée par
quelqu'un de ses autres principes. La
seconde, est que ce qui reste après la
calcination d'un corps, n'est pas ordinairement sa terre absolument pure,
mais combinée avec quelques-uns de
ses autres principes qui, de volatils
qu'ils étoient par eux-mêmes, ont été
fixés par l'union qu'ils ont contractée
avec elle. Nous verrons dans la suite,
des exemples qui éclairciront cette
théorie. La Terre donc, proprement
dite, est un principe fixe, & qui ne peut
être enlevé par le feu. Il y a lieu de
croire qu'il est très-difficile, & même
impossible, d'avoir le principe terreux
entièrement dégagé de toute autre
substance : car nous voyons que la terre
que nous retirons des différens composés, a des propriétés différentes suivant
les corps dont nous l'avons retirée,
quelqu'effort que nous fassions pour la
purifier ; ou bien il faut dire que si ces
terres sont pures, ayant des propriétés
différentes, elles diffèrent essentiellement.

La principale division qu'on peut faire de la Terre, par rapport à ses propriétés, est en Terre fusible & Terre non-fusible ; c'est-à-dire, Terre que le feu peut fondre ou rendre fluide , & Terre qui reste toujours solide & ne se fond point, quelque grande que soit l'action du feu à laquelle on l'expose. On appelle aussi la première, Terre vitrifiable , & la seconde , Terrre invitrifiable ; parceque quand la Terre a été fondue par le feu, elle devient ce que nous appellons du verre, qui n'est autre chose que les parties de la Terre, qui étoient d'abord désunies , qui sont rapprochées & intimement unies ensemble. Peut-être la Terre que nous regardons comme invitrifiable deviendroit-elle fusible, si nous avions un dégré de chaleur assés grand : mais il est toujours certain que les Terres diffèrent entr'elles par la plus ou moins grande fusibilité ; cela peut donner lieu de croire qu'il y a une espéce de Terre qui est absolument invitrifiable par elle-même , & qui étant mêlée en différentes proportions avec la Terre fusible , la rend plus ou moins diffi-

LA
TERRE.

cile à fondre. Quoiqu'il en soit, comme il y a des Terres absolument invitrifiables pour nous, cela nous suffit pour nous en tenir à la division que nous avons déja donnée. La Terre non-fusible paroît poreuse, & se laisse pénétrer par l'eau, ce qui la fait nommer aussi Terre absorbante.

LE FEU.

La matière du soleil, ou de la lumière, le phlogistique, le feu, le soufre principe, la matière inflammable, sont tous les noms par lesquels on a coutume de désigner l'élément du Feu. Mais il paroît qu'on n'a pas fait une distinction assés exacte des différens états où il se trouve ; c'est-à-dire des phénoménes qu'il présente, & du nom qu'il mérite véritablement lorsqu'il entre effectivement comme principe dans la composition d'un corps, ou bien lorsqu'il est seul & dans son état naturel.

Si on l'envisage sous cette dernière vue, le nom de Feu, de matière du soleil, de la lumière & de la chaleur, lui convient particulièrement. Pour lors, c'est une substance que l'on peut considérer comme compofée de particules infiniment petites, Le Feu, qui font agitées par un mouvement très-rapide & continuel, par conséquent effentiellement fluide. Cette fubftance, dont le foleil eft comme le réfervoir général, s'en émane perpétuellement, & eft répandue univerfellement dans tous les corps que nous connoiffons ; mais non pas comme principe ou effentielle à leur mixtion, puifqu'on peut les en priver, du moins en grande partie, fans qu'ils souffrent pour cela la moindre décompofition. Le plus grand changement que fa préfence ou fon abfence leur caufe, eft de les rendre ou fluides ou folides ; enforte qu'on peut regarder tous les autres corps comme folides de leur nature, & le Feu feul comme fluide par effence, & principe de la fluidité des autres. Cela fuppofé, l'air même pourroit devenir folide, s'il étoit poffible de le priver fuffifamment du feu qu'il contient, comme les corps les plus difficiles à fondre deviennent fluides lorfqu'on les pénétre d'une affés grande quantité de parties de Feu.

Une des principales propriétés de ce

LE FEU. Feu pur, eſt de pénétrer facilement tous les corps, & de ſe diſtribuer entr'eux avec une ſorte d'équilibre & d'égalité; enſorte que ſi un corps chaud ſe trouve contigu à un corps froid, le corps chaud communique au corps froid tout ce qu'il a de chaleur excédente : il arrive que l'un ſe refroidit dans la même proportion que l'autre s'échauffe, juſqu'à ce qu'ils ſoient tous les deux parfaitement au même dégré. Une autre propriété du Feu, eſt de dilater tous les corps qu'il pénétre, comme nous l'avons déja vu à l'égard de l'air & de l'eau : il produit auſſi le même effet à l'égard de la terre.

Le Feu eſt l'agent le plus puiſſant que nous ayons pour décompoſer les corps. Le plus grand dégré de chaleur que les hommes puiſſent produire, eſt celui qu'on excite en raſſemblant les rayons du ſoleil par le moyen d'un verre lenticulaire.

LE PHLOGIS-TIQUE. On voit par ce que nous venons de dire ſur la nature du Feu qu'il nous eſt impoſſible de le retenir & de le fixer dans aucun corps. Cependant les phénoménes que préſentent les ma-

tières inflammables lorsqu'elles brulent, nous indiquent qu'elles contiennent réellement la matière du Feu
comme un de leurs principes. Par quel
méchanisme ce fluide si pénétrant, si
actif, si difficile à retenir, pour lequel
aucune sorte de substance n'est impéné-
trable, se trouve-t-il donc fixé de telle
sorte qu'il fait partie des corps les plus
solides ? c'est une question à laquelle
je crois que les hommes sont peu capables de répondre. Mais sans vouloir
deviner ici la cause de ce phénomène,
tenons-nous-en à l'effet qui est certain,
& de la connoissance duquel nous retirons à coup sûr de grands avanta-
ges. Examinons donc les propriétés
de ce feu fixé, & devenu principe des
corps. C'est lui auquel nous donnerons particulièrement le nom de matière inflammable, de soufre principe, ou de Phlogistique, pour le distinguer du Feu pur. Voici en quoi il
diffère du Feu élémentaire : 1°. Quand
il s'unit à un corps, il ne lui communique ni chaleur, ni lumière : 2°. Il
ne change rien à son état de solidité
ou de fluidité ; en sorte qu'un corps

LE PHLOGISTIQUE. solide ne devient point fluide par l'addition du Phlogistique, & *vice versâ*, il rend seulement les corps solides auxquels il se joint, plus disposés à entrer en fusion par l'action du Feu ordinaire : 3°. Nous pouvons le transporter d'un corps auquel il est joint, dans un autre corps dans la composition duquel il entre & demeure fixé.

Ces deux corps, tant celui auquel on enléve le Phlogistique que celui auquel on le donne, éprouvent pour lors des changemens très-considérables. C'est ce dernier phénoméne qui nous engage particulièrement à distinguer le Phlogistique du Feu pur, & à le considérer comme l'élément du Feu combiné avec quelqu'autre substance, qui lui sert comme de base pour former un espéce de principe secondaire. Car s'ils ne différoient point l'un de l'autre, nous devrions pouvoir introduire & fixer le Feu pur dans les mêmes corps où nous introduisons & fixons le Phlogistique ; & c'est cependant ce qui nous est impossible, comme on le verra par les expériences qui seront rapportées dans la suite.

Jusqu'à

Jusqu'à présent les Chymistes n'ont LE
pu parvenir à avoir le Phlogistique PHLOGIS-
pur & séparé de toute autre substance: TIQUE.
car il n'y a que deux moyens de l'enlever à un corps duquel il fait partie ;
sçavoir , de lui présenter un autre
corps, avec lequel il se joint dans le
même instant qu'il quitte le premier ;
ou-bien de calciner & enflammer le
composé dont on veut le séparer. Dans
le premier cas , il est évident qu'on
n'a pas le Phlogistique pur, puisqu'il
ne fait que passer d'une combinaison
dans une autre ; & dans le second , il
se décompose & se dissipe entièrement,
en sorte qu'il est absolument impossible de le retenir.

L'inflammabilité d'un corps est une
marque certaine qu'il contient le
Phlogistique ; mais de ce qu'un corps
n'est point inflammable , on ne peut
conclure qu'il n'en contient point ;
car l'expérience nous a démontré qu'il
y a certains métaux qui abondent en
Phlogistique,& qui ne sont nullement
inflammables.

Voilà ce qu'il y a de plus essentiel à connoître sur les principes en

général. Ils ont encore plusieurs autres propriétés, mais dont il n'est pas
à propos de parler d'abord, parcequ'elles supposent des connoissances
sur des corps dont nous n'avons encore rien dit. Nous les ferons remarquer par la suite, à mesure que l'occasion s'en présentera. Je me con-
tente d'indiquer ici, qu'une partie du
Phlogistique contenu dans les matières animales & végétales, lorsqu'on fait
bruler ces matières en les empêchant
de s'enflammer, se joint intimement
avec leurs parties terreuses les plus fixes, & forme un composé qui ne peut
se consumer qu'en rougissant & scin-
tillant à l'air libre, sans jetter de
flamme : on a donné à ce composé le
nom de charbon. Nous parlerons des
propriétés du charbon à l'article des
huiles ; il suffit que nous sçachions
pour le présent ce que c'est en général,
& qu'il est très-propre à transmettre
à d'autres substances le Phlogistique
qu'il contient.

CHAPITRE II.

Idée générale des rapports des différentes Substances.

AVant de parvenir à réduire les corps composés aux premiers principes dont nous venons de parler, on en retire, lorsqu'on en fait l'analyse, certaines substances, à la vérité plus simples que les corps dont elles faisoient partie, mais qui sont elles-mêmes composées de nos principes primitifs. Elles sont par conséquent en même-tems principes & composés ; ce sont elles auxquelles nous donnerons, comme nous avons dit, le nom de Principes secondaires : telles sont principalement toutes les matières salines & huileuses. Avant d'entrer dans l'examen de leurs propriétés, il est bon de donner une idée générale de ce qu'on appelle en Chymie Rapports ou Affinités des corps, parceque la connoissance en est nécessaire pour bien entendre les combinaisons.

Toutes les expériences qui ont été faites jusqu'à présent, & celles que l'on fait encore chaque jour, concourent à prouver qu'il y a entre les différens corps tant principes que composés, une convenance, rapport, affinité, ou attraction si l'on veut, qui fait que certains corps sont disposés à s'unir ensemble, tandis qu'ils ne peuvent contracter aucune union avec d'autres : c'est cet effet, quelle qu'en soit la cause, qui nous servira à rendre raison de tous les phénomènes que fournit la Chymie, & à les lier ensemble. Voici plus particulièrement en quoi il consiste.

Si une substance a de l'affinité ou du rapport avec une autre substance, elles s'unissent toutes deux ensemble & forment un composé ; & si on présente à ce composé, un troisième corps qui n'ait point d'affinité avec une de ces deux substances principes, & qui ait avec l'autre un rapport plus grand que celui qu'elles ont entr'elles, alors il se fait une décomposition & une nouvelle union, c'est-à-dire, que ce troisième corps sépare ces deux substances l'une de l'autre, s'unit avec

celle avec laquelle il a de l'affinité, forme avec elle une nouvelle combi- LES AF-FINITÉS &c.
naison, & dégage l'autre, qui pour lors
demeure libre, & telle qu'elle étoit
avant d'avoir contracté aucune union.

Secondement, il arrive quelquefois
que quand on présente un troisiéme
corps à un composé de deux substances, il ne se fait point de décomposition;
mais que ces deux substances, sans se
quitter, se joignent avec le corps qu'on
leur présente, & forment un composé
qui a trois principes : cela arrive quand
ce troisiéme corps a un rapport égal, ou
presque égal, avec l'une & l'autre substance, & que ce rapport qu'il a avec ces
substances est moindre que celui qu'elles ont entr'elles.

Troisiémement, un corps qui par
lui-même ne peut pas décomposer un
composé de deux substances, parceque comme nous avons dit, elles ont
un rapport plus grand que celui qu'il
a avec l'une ou avec l'autre, devient
cependant capable de les séparer, en
s'unissant avec l'une d'entr'elles, lorsqu'il est lui-même combiné avec un
autre corps qui a aussi un dégré d'af-

finité avec l'autre substance assés grand
pour compenser le défaut de la sien-
ne. Il y a pour lors deux affinités, &
il se fait une double décomposition
& une double union.

Quatriémement, il faut bien remarquer que quand les substances s'unissent ensemble, elles perdent une partie
de leurs propriétés, & que les composés qui résultent de leur union parti-
cipent des propriétés de ces substances qui leur servent de principes.

Cinquiémement, on peut établir
comme une loi générale que toutes
les substances semblables ont de l'affinité ensemble, & sont par conséquent
disposées à se joindre, comme l'eau à
l'eau, la terre à la terre.

Sixiémement, enfin, plus les substances sont simples, plus leurs affinités sont sensibles & considérables:
d'où il suit que moins les corps sont
composés, plus il est difficile d'en faire
l'analyse, c'est-à-dire, de séparer l'un
de l'autre les principes qui les composent.

Ces vérités fondamentales desquelles nous déduirons l'explication de

tous les phénoménes de la Chymie, vont être confirmées, & infiniment éclaircies, par l'application que nous en ferons aux différens exemples dans le détail desquels nous sommes obligés d'entrer pour remplir notre objet.

CHAPITRE III.

Des Substances salines en général.

SI une partie d'eau se joint intimement avec une partie de terre, il doit en résulter un nouveau composé qui, suivant nos principes, participera des propriétés de la terre & de l'eau : c'est cette combinaison qui forme principalement ce qu'on nomme Substance saline. Par conséquent toute Substance saline doit avoir de l'affinité avec la terre & avec l'eau, ou pouvoir se joindre & s'unir avec l'un ou l'autre de ces principes, soit qu'ils soient séparés, soit même qu'ils soient joints ensemble : c'est aussi cette propriété qui caractérise en général tous les Sels, ou matières salines.

Comme l'eau est volatile, & que la terre est fixe, les Sels en général sont moins volatils que l'eau & moins fixes que la terre; c'est-à-dire, que le feu qui ne peut enlever & volatiliser la terre pure, peut raréfier & volatiliser une matière saline, mais il faut pour cela un dégré de chaleur plus fort que celui qui est nécessaire pour produire le même effet sur l'eau pure.

Il y a plusieurs espéces de Sels qui différent les uns des autres, soit par la quantité, soit par la qualité de terre qui entre dans leur composition; soit enfin par l'addition de quelques autres principes, qui n'étant pas combinés avec eux en assés grande quantité pour empêcher leurs propriétés salines de se manifester, permettent qu'on leur laisse le nom de Sels, quoiqu'ils les fassent différer assés considérablement des matières salines les plus simples.

Il est aisé de conclure de ce que nous venons de dire sur les Sels en général, qu'il doit y en avoir de plus ou moins fixes & volatils; & de plus ou moins disposés à se joindre avec l'eau, ou avec la terre, ou avec certaines es-

péces

péces de terre, fuivant l'efpéce ou la proportion de leurs principes.

Avant d'aller plus loin, il eft bon que je rapporte en peu de mots les principales raifons qui nous engagent à croire que toute Subftance faline eft effectivement une combinaifon de terre & d'eau, comme je l'ai fuppofé lorfque j'ai commencé à en parler. La première, eft la convenance ou les propriétés communes qu'ont les Sels avec la terre & l'eau ; nous nous étendrons fur ces propriétés, à mefure que nous aurons occafion de les faire remarquer, en examinant les différentes efpéces de Sels : & la feconde, c'eft que tous les Sels peuvent être effectivement réduits en terre & en eau, par différens procédés, fur-tout par les diffolutions faites par l'eau, les évaporations, déficcations, & calcinations réitérées.

A la vérité les Chymiftes n'ont pu jufqu'à préfent parvenir à produire une matière faline en combinant enfemble la terre & l'eau. Cela peut faire foupçonner qu'il entre quelqu'autre principe que la terre & l'eau dans la mixtion saline, qui nous échappe & que nous ne pouvons retenir lorſque nous décompoſons les Sels ; mais au moins reſte-t-il démontré que l'eau & la terre ſont véritablement principes des Subſtances ſalines, & cela nous ſuffit puiſque l'expérience ne nous montre point autre choſe.

LES ACIDES. L'eſpéce de Subſtance ſaline la plus ſimple eſt celle que l'on nomme Acide, à cauſe de la ſaveur qu'elle a, qui eſt ſemblable à celle du verjus, de l'oſeille, du vinaigre & d'autres matières aigres qu'on appelle auſſi Acides : c'eſt à cette ſaveur qu'on les reconnoît particulièrement. Ils ont encore la propriété de changer en rouge toutes les couleurs bleues & violettes des végétaux, qui ſert à les faire diſtinguer des autres eſpéces de Sels. La forme la plus ordinaire ſous laquelle nous avons les Acides, eſt celle d'une liqueur tranſparente, quoiqu'il ſoit plutôt de leur eſſence d'être ſolides. La raiſon de cela eſt qu'ils ont avec l'eau une ſi grande affinité, que lorſqu'ils n'en contiennent préciſément que ce qui leur eſt néceſſaire pour être Sels,

& qu'ils font par conséquent fous la forme folide, ils fe faififfent avec rapidité de l'eau auffitôt qu'ils peuvent la toucher : & comme l'air eft toujours chargé de vapeurs humides & aqueufes, le contact feul de l'air leur fuffit pour les rendre fluides, parcequ'ils fe joignent avec cette humidité ; s'en imbibent avec avidité, & deviennent fluides par fon moyen. On dit à caufe de cela qu'ils attirent l'humidité de l'air. On nomme auffi ce changement d'un Sel de l'état folide à celui de fluide par le contact feul de l'air, *diliquium* ou défaillance ; en forte qu'on dit d'un Sel qui de folide devient fluide par ce moyen, qu'il tombe en *deliquium* ou en défaillance. Les Acides ont auffi en général une grande affinité avec les terres : celle à laquelle ils fe joignent le plus facilement eft celle qui eft invitrifiable, & que nous avons nommée terre abforbante. Ainfi lorfqu'on mêle enfemble une liqueur acide avec une de ces terres, comme la craie par exemple, ces deux fubftances fe joignent auffitôt enfemble avec tant d'impétuofité, fur-tout fi la li-

LES ACI-
DES. queur acide eſt autant déphlegmée, ou
contient le moins d'eau qu'il eſt poſſible, que ſur le champ il s'excite un
grand bouillonnement accompagné
d'une eſpéce de ſifflement aſſés conſidérable, de chaleur & de vapeurs qui
s'élévent dans l'inſtant de l'union.

De la combinaiſon d'un Acide avec
une terre abſorbante, il réſulte un
nouveau compoſé que quelques Chy-
miſtes ont nommé Sel ſalé, à cauſe que
l'Acide a perdu par ſon union avec la
terre ſa ſaveur aigre, pour en prendre une qui approche de celle du Sel
marin ordinaire dont on ſe ſert dans
la cuiſine, différente cependant ſuivant les différentes eſpéces d'Acides
& de terres que l'on combine enſemble. L'Acide perd auſſi pour lors ſa propriété de changer en rouge les couleurs bleues & violettes des végétaux.

Voici ce que devient la propriété
qu'ils ont de s'unir avec l'eau. La terre
qui eſt par elle-même indiſſoluble dans
l'eau, acquiert par ſon union avec
l'Acide la facilité de s'y diſſoudre;
en ſorte que notre Sel ſalé eſt diſſolu-

ble dans l'eau. Mais d'un autre côté Les Aci-
l'Acide, par son union avec la terre, des.
perd une partie de l'affinité qu'il avoit
avec l'eau ; en sorte que si on dessé-
che un Sel salé, & qu'on le prive de
son humidité superflue, il reste dans
cet état de dessiccation & de solidité,
au-lieu d'attirer l'humidité de l'air &
de tomber en *deliquium* comme feroit
l'Acide s'il étoit pur & exempt du mélange de la terre. Cette régle n'est
pourtant pas absolument générale.
Nous aurons occasion de parler de certaines combinaisons de terres & d'A-
cides qui ne laissent pas d'attirer encore l'humidité de l'air ; mais toujours moins fortement que les Acides
purs. Les Acides ont aussi une grande
affinité avec le phlogistique.

Les Alkalis sont une combinaison Les Al-
saline où la terre entre en plus grande kalis.
proportion que dans les acides. Il y
a plusieurs preuves de cela : la première est que si on les traite par les
mêmes voies que nous avons indiquées
pour décomposer les Substances salines, on en retire effectivement une
beaucoup plus grande quantité de ter-

LES AL-
KALIS. re que d'acide. La seconde est que par
la combinaison de certains acides avec
certaines terres, on peut former des
Alkalis. La troisiéme enfin, se tire
des propriétés de ces Alkalis, qui
lorsqu'ils sont purs & exempts du
mélange d'aucun autre principe, ont
avec l'eau une moindre affinité que
n'en ont les acides, & sont plus
fixes qu'eux; car ils résistent à la plus
grande violence du feu. On leur a
donné à cause de cela le nom de fixes,
ainsi que pour les distinguer d'une autre espéce d'Alkali, dont nous parlerons dans la suite, qui n'est pas pur
& qui est volatil. Ils attirent l'humidité de l'air lorsqu'ils sont privés de
leur aquosité superflue par la calcination; mais moins fortement que les
acides, en sorte qu'il est plus facile de
les avoir & de les conserver sous la
forme solide. Ils entrent en fusion par
l'action du feu, & peuvent pour lors
s'unir avec la terre vitrifiable, & former avec elle un véritable verre, mais
qui participe de leurs propriétés, lorsqu'on les y fait entrer en proportion
assés grande. Comme ils se fondent

plus facilement que la terre vitrifiable, ils en facilitent la fusion; en sorte
qu'il faut un dégré de feu moins fort
pour réduire le sable en verre lorfqu'on y ajoute un Alkali fixe, que
lorfqu'on veut le faire fondre fans
cette addition. On reconnoît les Alkalis à leur faveur qui eft âcre & bru-
lante, & à la propriété qu'ils ont de
changer en verd certaines couleurs
bleues & violettes des végétaux, fur-
tout le firop violat. Ils ont avec les
acides une affinité plus grande que la
terre abforbante; de-là il arrive que
fi on préfente un Alkali fixe à une
combinaifon d'acide & de terre abforbante, cette terre eft féparée de l'a-
cide par l'Alkali, & il fe fait une nouvelle union de l'acide & de l'Alkali.
Si on préfente un Alkali pur à un acide pur, ils s'uniffent enfemble avec
violence, & préfentent les mêmes phénoménes que l'union de la terre abforbante avec l'acide, mais plus mar-
qués & plus confidérables

Par cette union, l'acide & l'alkali
fe font perdre réciproquement leurs
propriétés, en forte que le compofé

C iv

qui en réfulte n'altère point les couleurs bleues des végétaux, & a une faveur qui n'eft ni aigre, ni âcre, mais falée. C'eft ce qui a fait nommer auffi ces fortes de combinaifons falines, Sels falés, Sels moyens, ou Sels neutres, parcequ'effectivement ils ne font ni acides ni alkalis; on les nomme auffi fimplement Sels.

Il faut remarquer qu'afin que ces Sels foient parfaitement neutres, il eft néceffaire qu'il n'y ait aucun des deux principes falins qui les compofent qui foit furabondant à l'autre, car pour lors ils auroient les propriétés de ce principe excédent. La raifon de cela eft que l'une ou l'autre de ces Subftances falines ne peut fe joindre avec l'autre que dans une certaine proportion, au-delà de laquelle il ne fe fait plus d'union. On a nommé faturation l'action de faire cette jufte combinaifon, & point de faturation, l'inftant ou lorfqu'on fait le mélange des deux Subftances falines, l'une fe trouve s'être unie avec l'autre en auffi grande quantité qu'elle eft capable de s'y joindre. La même chofe a lieu , lorfqu'on combine un acide avec une terre abforbante.

On reconnoît que la combinaifon eft parfaite , ou qu'on eft arrivé au point de faturation , lorfqu'en verfant une liqueur acide par parties & à plufieurs reprifes fur un alkali ou fur une terre abforbante , les phénoménes que nous avons dit fe manifefter lors de l'union , c'eft-à-dire, le bouillonnement, le fifflement, &c. ceffent de paroître ; & on s'affure que la faturation eft parfaite , lorfque le nouveau compofé n'a plus de faveur, ni acide , ni âcre , & qu'il n'altére en aucune manière les couleurs bleues des végétaux.

Les Sels neutres ont avec l'eau une affinité moindre que les acides & les alkalis, par la raifon qu'ils font plus compofés, & que nous avons dit qu'en général les affinités des corps les plus compofés font moindres que celles des corps les plus fimples. En conféquence, la plupart des Sels neutres , lorfqu'ils font defféchés, n'attirent point l'humidité de l'air, & ceux qui l'attirent le font plus lentement & en moin-

LES SELS dre quantité que les acides & les
NEUTRES. alkalis.

Tous les Sels neutres peuvent se dissoudre dans l'eau ; mais plus ou moins
facilement, ou en plus ou moins grande quantité, suivant l'espéce des principes dont ils sont composés.

Lorsque l'eau est bouillante, elle dissout une plus grande quantité des Sels
qui n'attirent point l'humidité de l'air
que lorsqu'elle est froide , & même il
faut qu'elle soit bouillante pour s'en
charger autant qu'elle en est capable ;
mais pour ceux qui tombent en *deliquium* , la différence s'il y en a est in-
sensible.

Les Sels neutres ont aussi la propriété de se crystaliser. Voici en quoi
cela consiste. Lorsqu'un de ces Sels
est dissout dans l'eau , si on fait évaporer cette dissolution jusqu'à un certain point , le Sel acquiert une forme
solide , & se coagule en plusieurs petites masses transparentes qu'on a nommées crystaux. Ces crystaux ont des
figures régulières , toutes différentes
les unes des autres, suivant l'espéce de
Sel dont ils sont formés. Les diffé-

rentes manières dont on fait évaporer les dissolutions salines, influent
beaucoup sur la figure & la régula-
rité des cryftaux. Ordinairement on
fait évaporer sur le feu une diffolution
de Sel qu'on veut cryftalifer, jusqu'à
pellicule, c'eft-à-dire, jufqu'à ce que
le Sel commence à fe coaguler, ce
qui paroît par une efpéce de pellicule
terne qui fe forme à la fuperficie de
la liqueur, qui n'eft autre chofe que
les parties mêmes du Sel qui font déja cryftalifées : après quoi on laiffe refroidir la liqueur, & les cryftaux fe
forment plus ou moins vîte fuivant
l'efpéce de fel. Si on continuoit à évaporer la liqueur promptement jufqu'à
ficcité, il ne fe feroit aucune cryftalifation, & on n'obtiendroit qu'une
maffe de Sel informe.

La raifon pour laquelle il ne fe
fait point de cryftalifation, lorfque
l'évaporation fe fait précipitamment,
& jufqu'à ficcité, c'eft premièrement
que les particules de Sel qui font toujours en mouvement tant que la liqueur eft chaude, n'ont pas le tems
de fe dépofer & de s'appliquer les

LES SELS unes aux autres comme il convient.
NEUTRES. Secondement, c'eſt qu'il entre une
certaine quantité d'eau dans les cryſtaux mêmes, qui y eſt abſolument néceſſaire, & qui eſt plus ou moins
grande ſuivant la nature des Sels. (a)

Si on expoſe au feu les Sels cryſta-
liſés, ils commencent par perdre l'humidité qui eſt ſuperflue à leur mixtion ſaline, & qu'ils n'ont retenue qu'à
la faveur de la cryſtaliſation, après
quoi ils entrent en fuſion les uns plus
facilement, les autres plus difficilement.

Il faut remarquer qu'il y a certains
Sels, ſçavoir ceux qui retiennent une
grande quantité d'eau dans leur cryſtaliſation, qui deviennent fluides auſſitôt qu'ils ſont expoſés au feu. Mais
il faut bien diſtinguer cette fluidité
qu'ils acquiérent d'abord, de la vérita.

(a) Les perſonnes qui ſeront curieuſes d'a-
voir un plus grand détail au ſujet de la cryſtaliſation des Sels neutres, pourront conſulter
un excellent mémoire qu'a donné là-deſſus
M. Rouelle, habile Chymiſte, de l'Académie
des Sciences, & Démonſtrateur de Chymie au
Jardin du Roi. Ce mémoire eſt imprimé dans
le recueil de ceux de l'Académie, année 1744.

ble fusion ; car elle n'est due qu'à leur **LES SELS**
humidité superflue qui devient capa- **NEUTRES.**
ble de les dissoudre , & de les rendre
fluides par la chaleur : en sorte que
lorsqu'elle est évaporée, le Sel cesse
d'être fluide , & exige un dégré de
feu beaucoup plus considérable pour
entrer véritablement en fusion.

Tous les Sels neutres qui sont
composés d'un acide joint à un alkali
fixe, ou à une terre absorbante , sont
fixes & résistent à la violence du feu ;
mais il y en a plusieurs qui lorsqu'ils
sont dissous dans l'eau , & que l'on
fait bouillir & évaporer cette eau qui
les tient en dissolution , ne laissent pas
de s'évaporer avec l'eau.

CHAPITRE IV.

Des différentes espéces de Substances salines.

L'ACIDE UNIVERSEL. L'Acide universel est ainsi nommé, parcequ'effectivement c'est celui qui est le plus universellement répandu dans la nature : on le trouve dans les eaux, dans l'atmosphère, & dans les entrailles de la terre. Mais il est rare qu'il soit pur ; il est presque toujours combiné avec quelqu'autre substance. Celle de laquelle on le retire le plus facilement, & en plus grande quantité est le vitriol, qui est un minéral dont nous parlerons dans la suite ; c'est ce qui lui a fait donner aussi le nom d'Acide vitriolique, sous lequel même il est plus connu.

HUILE DE VITRIOL. Lorsque l'Acide vitriolique contient peu de phlegme, mais qu'il en a cependant assés pour être sous la forme fluide, on le nomme Huile de vitriol, à cause qu'il a une certaine onctuosité. A la vérité, c'est fort improprement

qu'on lui a donné ce nom ; car nous L'ACIDE
verrons dans la suite que si on excepte UNIVER-
l'onctuosité , il n'a aucune des pro- SEL.
priétés des huiles. Mais ce n'est pas le
seul nom impropre que nous aurons
occasion de faire remarquer.

Si l'Acide vitriolique contient ESPRIT DE
beaucoup d'eau, il s'appelle Esprit VITRIOL.
de vitriol. Lorsqu'il n'en contient
point assés pour être fluide , & qu'il
est sous la forme solide, on le nomme Huile de vitriol glaciale.

Quand on mêle de l'Huile de vitriol
bien concentrée, avec de l'eau, elle s'y
unit avec une si grande activité , qu'il
se fait dans l'instant du contact des
deux liqueurs un sifflement semblable
à celui d'un fer rouge qu'on plonge
dans l'eau ; & il s'excite une chaleur
très-considérable , proportionnée au
dégré de concentration de l'Acide.

L'Acide vitriolique combiné jusqu'au point de saturation , avec une
terre absorbante analogue à la craie,
ou à une terre bolaire qui a éprouvé
l'action du feu , forme un Sel neutre qui se crystalise. Ce Sel se nomme
Alun.

Il y a plusieurs espéces d'Alun, qui différent par les terres qui sont jointes avec l'Acide vitriolique. L'Alun se dissout facilement dans l'eau. Il retient en se crystalisant une assés grande quantité d'eau, c'est ce qui fait que lorsqu'on l'expose au feu, il devient aisément fluide; il se gonfle & se boursoufle à mesure que son humidité superflue s'évapore. Lorsqu'elle est dissipée, ce qui reste se nomme Alun calciné, & est de très-difficile fusion. Une partie de l'acide de l'Alun se dissipe quand on le fait ainsi calciner. La saveur de l'Alun est salée, tirant sur l'âpre & l'astringent.

Cet acide combiné avec certaines terres, forme une espéce de Sel neutre qu'on a nommé Sélénitte, qui se crystalise diversement suivant l'espéce de terre. Il y a une infinité d'eaux de sources qui tiennent de la Sélénitte en dissolution. Mais lorsqu'une fois cette Sélénitte est crystalisée, il est très-difficile de la re-dissoudre dans l'eau. Il faut pour cela une quantité d'eau très-considérable,

encore

encore est-il nécessaire qu'elle soit
bouillante ; car à mesure qu'elle se
refroidit, la plus grande partie de la
Sélénitte dissoute redevient solide, &
se précipite en forme de poudre au
fond de la liqueur.

Si on présente un Alkali à la Sélénitte ou à l'Alun, suivant les principes que nous avons établis, ces Sels
doivent se décomposer ; c'est-à-dire,
que les terres seront séparées de l'Acide, qui les quittera pour se joindre
avec l'Alkali avec lequel il a une plus
grande affinité. Et de cette union de
l'Acide vitriolique avec l'Alkali fixe,
il résulte une autre espéce de Sel neutre qu'on a nommé, Double arcane,
Sel des deux, & Tartre vitriolé, parcequ'un des Alkalis fixes des plus en
usage se nomme Sel de Tartre.

Le Tartre vitriolé est presqu'aussi difficile à dissoudre dans l'eau que la Sélénitte. Il se crystalise en figures octahe-
dres dont les pointes des piramides sont
assés obtuses. Sa saveur est salée, tirant
sur l'amer. Il faut un dégré de feu
très-fort pour le mettre en fusion. Si
on laisse un Alkali fixe exposé à l'air

D

L'ACIDE
UNIVER-
SEL.

pendant un certain tems, on y trouve des cryſtaux de Tartre vitriolé ; ce qui prouve qu'il y a de l'Acide vitriolique dans l'air.

L'Acide vitriolique peut s'unir avec le phlogiſtique ; il a même avec lui une affinité plus grande qu'avec tout autre corps : d'où il ſuit, que toutes les combinaiſons dans leſquelles il entrepeuvent être décompoſées par le phlogiſtique.

LE
SOUFRE.

De l'union de l'Acide vitriolique & du phlogiſtique, il réſulte un compoſé qu'on nomme Soufre minéral, à cauſe qu'on en trouve de tout formé dans les entrailles de la terre : on le nomme auſſi Soufre vif, Soufre brulant, Soufre commun, ou ſimplement Soufre.

Le Soufre eſt abſolument indiſſoluble dans l'eau, & ne peut contracter avec elle aucune ſorte d'union. Il ſe fond à un dégré de feu très-modéré, & ſe ſublime en petits floccons qu'on nomme Fleurs de Soufre. Il n'éprouve dans cette ſublimation, quelque nombre de fois qu'on la réitère, nulle décompoſition ; enſorte que le Soufre sublimé ou les Fleurs de Soufre, ont absolument les mêmes propriétés que le Soufre qui n'a pas été sublimé.

Si on expose le Soufre à un dégré de feu un peu vif & à l'air libre, il s'enflamme, brule & se consume entièrement. Cette déflagration du Soufre est le seul moyen qu'on ait de le décomposer ; le phlogistique est détruit par la combustion, & l'acide s'exhale en vapeurs. Ces vapeurs rassemblées ont toutes les propriétés de l'Acide vitriolique, & n'en diffèrent aucunement.

Il faut remarquer que lorsque le Soufre brule, sur-tout lorsqu'il brule peu à peu & lentement, les vapeurs qui s'exhalent ont une odeur si pénétrante, qu'elles font capables de suffoquer sur le champ ceux qui en respireroient une certaine quantité : on nomme ces vapeurs, Esprit sulphureux volatil. Cet effet est produit parcequ'il reste encore une partie du phlogistique combinée avec l'acide qui s'évapore. Mais il y a lieu de croire que cette partie du phlogistique reste combinée avec l'acide, d'une manière différente de celle dont il y est joint dans le Sou-

fre même : car, comme nous venons de
le voir, il n'y a que la combustion qui
puisse séparer l'Acide vitriolique & le
phlogistique qui sont unis ensemble
pour former le Soufre ; au lieu que l'Esprit sulphureux volatil se décompose
de lui-même, lorsqu'il est exposé à
l'air libre ; c'est-à-dire, que le phlogistique se dissipe & quitte l'acide,
qui pour lors redevient absolument
semblable à l'Acide vitriolique.

Ce qui prouve que l'Esprit sulphureux volatil est composé comme nous
l'avons dit, c'est que toutes les fois
que l'Acide vitriolique touche à quelque substance qui contient du phlogistique, pourvu que ce phlogistique
soit développé jusqu'à un certain point,
il ne manque pas de se produire sur le
champ de notre Esprit sulphureux. Cet
Esprit a toutes les propriétés des Acides, mais beaucoup affoiblies, & moins
marquées par conséquent. Il peut se
joindre avec les terres absorbantes &
les Alkalis fixes, & former des Sels
neutres avec ces substances ; mais lorsqu'il est combiné avec elles, il peut
en être séparé par l'Acide vitriolique,

& même par tous les autres Acides,
parceque ses affinités font moindres.

Si on fait fondre ensemble parties
égales de Soufre & d'Alkali fixe, ils se
joignent l'un à l'autre; & de leur union
résulte un composé qui a une odeur
fort désagréable, qui approche de celle
des œufs pourris, & une couleur rouge
à peu près semblable à celle du foie
d'un animal; ce qui lui a fait donner
le nom de Foie de Soufre.

Dans cette combinaison, l'Alkali fixe
communique au Soufre la propriété de
se dissoudre dans l'eau : de-là vient
que la mixtion du Foie de Soufre peut
se faire aussi-bien lorsque l'Alkali est
résout en liqueur par le moyen de l'eau,
que lorsqu'il est en fusion par le moyen
du feu.

Le Soufre a avec les Alkalis fixes un
rapport moindre qu'aucun Acide : donc
le Foie de Soufre peut être décomposé
par un Acide quelconque, qui s'unira
avec l'Alkali fixe, formera avec lui un
Sel neutre, & en séparera le Soufre. Si
le Foie de Soufre est dissout dans l'eau,
& qu'on y verse un Acide, sur le champ
la liqueur qui étoit transparente de-

LE SOUFRE. vient d'un blanc opaque ; parcequ le Soufre qui cesse d'être uni avec l'Alkali, perd aussi la propriété d'être dissoluble dans l'eau, & reparoit sous sa forme opaque. La liqueur ainsi blanchie par le Soufre se nomme Lait de Soufre.

MAGISTER DE SOUFRE Si on la laisse reposer pendant quelque-tems, les petites parties de Soufre qui sont extrêmement divisées se rapprochent peu-à-peu les unes des autres, tombent & se déposent insensiblement au fond du vase ; la liqueur pour lors reprend sa transparence. Ce Soufre qui est ainsi tombé au fond de la liqueur, s'appelle Magister ou Précipité de Soufre. On donne aussi ces noms de Magister & de Précipité à toutes les substances qui sont séparées d'une autre par cette méthode ; ce qui fait qu'on se sert aussi du terme de précipiter une substance par une autre, pour signifier qu'on les sépare l'une par l'autre.

L'ACIDE NITREUX On ne sçait pas certainement en quoi l'Acide nitreux diffère de l'Acide vitriolique par rapport aux principes dont il est composé. L'opinion la plus vraisemblable là-dessus, est que l'Acide nitreux n'est autrechose que l'Acide vitriolique lui-même, combiné avec une certaine quantité de phlogistique par le moyen de la putréfaction. Si la chose est ainsi, il faut que cette combinaison du phlogistique & de l'Acide universel soit différente de celle du Soufre & de l'Esprit sulphureux volatil ; car l'Acide nitreux diffère de l'un & de l'autre par ses propriétés. Ce qui a donné lieu à ce sentiment, c'est que cet Acide ne se trouve que dans les terres & dans les pierres qui ont été imprégnées de quelques substances sujettes à la putréfaction, & par conséquent qui contiennent du phlogistique. Car il est nécessaire que nous disions ici, quoique ce ne soit pas encore le tems d'en parler, qu'il n'y a aucune sorte de matière susceptible de pourriture qui ne contienne réellement du phlogistique. L'Acide nitreux, combiné avec certaines terres absorbantes, comme la craie, le gipse, le bol, &c. forme des cristaux qui ont des figures rhomboidales irrégulières ; & avec d'autres, comme le limon, il forme un de ces Sels neutres qui ne se crystalisent point, & qui, lorsqu'ils sont desséchés, tombent en *deliquium* à l'air.

Tous ces Sels neutres, composés de l'Acide nitreux joint à une terre, peuvent être décomposés par un Alkali fixe avec lequel l'Acide s'unit en quittant les terres : & de cette union de l'Acide nitreux avec un Alkali fixe, il résulte un nouveau Sel neutre qu'on a nommé Nitre ou Salpêtre, ce qui veut dire Sel de pierre ; parcequ'effectivement on retire le Nitre des pierres & des platras dans lesquels il s'est formé, en les faisant bouillir dans de l'eau chargée d'un Alkali fixe.

Le Nitre se crystalise en longues aiguilles qui s'appliquent les unes sur les autres : il a une saveur salée qui excite une impression de froid sur la langue.

Ce Sel se dissout facilement dans l'eau, & lorsqu'elle est bouillante, il s'y dissout en plus grande quantité.

Il entre en fusion à un dégré de feu assés modéré.

La propriété la plus remarquable du Nitre, & celle qui le caractérise, est sa fulmination ou détonnation. Voici en quoi

quoi cela confiste. Toutes les fois que
le Nitre touche à une fubftance qui
contient du phlogiftique dans le mouvement igné, c'eft-à-dire, actuellement allumé, il s'enflamme, brule, &
fe décompofe avec un grand bruit.
Dans cette déflagration l'Acide fe diffipe, & eft féparé abfolument de l'Alkali
qui refte tout feul. Cet Alkali, qui eft
le réfidu du Nitre décompofé par la
détonnation, fe nomme en général
Nitre fixé, & nitre fixé par telle & telle
fubftance, fuivant celle qu'on a employée à cette opération.

Jufqu'à préfent les Chymiftes n'ont
pas expliqué pourquoi le Nitre s'enflamme & fe décompofe ainfi lorfqu'on
lui préfente du phlogiftique. Pour moi
je conjecture que c'eft par la même raifon que le tartre vitriolé fe décompofe
auffi par l'addition du phlogiftique ;
c'eft-à-dire, que l'Acide nitreux a une
plus grande affinité avec ce même phlogiftique qu'il n'en a avec l'Alkali fixe,
d'où il fuit qu'il doit quitter cet Alkali
pour s'y joindre & former avec lui une
efpéce de Soufre, mais qui apparemment différe du Soufre commun for-

E

mé avec l'Acide vitriolique, en ce qu'il est si combustible qu'il s'enflamme & se détruit dans le moment même qu'il est produit ; enforte qu'il est impossible de l'empêcher de se consumer ainsi, & par conséquent de le retenir.

Ce qui prouve ce sentiment, c'est que le concours du phlogistique est absolument nécessaire pour opérer cette déflagration, & que la matière du feu pure est entièrement incapable de la produire ; enforte que le Nitre, quelque violent que soit le dégré de chaleur auquel on l'expose, même au foyer du plus fort verre ardent, jamais ne s'enflammera, à moins qu'il ne touche du phlogistique proprement dit ; c'est-à-dire, la matière du feu devenue principe des corps & combinée avec quelque substance.

Cette expérience est une de celles qui servent à faire connoître la différence qu'il faut mettre entre le feu pur & élémentaire, & le feu devenu principe que nous avons nommé phlogistique.

L'affinité qu'a l'Acide nitreux avec les terres & les Alkalis, est moindre que celle qu'a l'Acide vitriolique avec ces mêmes substances : d'où il suit que l'Acide vitriolique décompose les Sels neutres formés de l'Acide nitreux, combiné avec une terre ou un Alkali. L'Acide vitriolique sépare pour lors l'acide nitreux, s'unit avec la substance qui lui servoit de base, & forme avec elle suivant sa nature, des Sels alumineux, sélénitiques, ou du Tartre vitriolé.

L'Acide nitreux ainsi séparé de sa base par l'Acide vitriolique, se nomme Esprit de nitre, ou Eau forte. S'il est déphlegmé, ou qu'il contienne peu d'humidité superflue, il s'exhale en vapeurs rougeâtres, qui étant condensées & rassemblées forment une liqueur d'un jaune rouge qui envoye continuellement des vapeurs de la même couleur & d'une odeur pénétrante & désagréable, ce qui fait qu'on lui donne le nom d'Esprit de nitre fumant ou d'Eau forte citrine. On voit par cette propriété qu'a l'Acide nitreux de s'exhaler ainsi en vapeurs, qu'il est moins fixe que l'Acide vitriolique ; car celui-ci, quelque déflegmé qu'il soit, ne donne jamais de vapeurs & n'a même aucune odeur.

L'Acide du Sel marin est ainsi nommé, parcequ'on le retire effectivement du Sel marin dont on se sert dans la cuisine. On ne sçait point au juste en quoi cet Acide diffère du vitriolique & du nitreux, par rapport à sa composition. L'opinion de plusieurs des plus habiles Chymistes, tels que Becker & Stahl, est que l'Acide marin n'est que l'Acide universel joint avec un principe particulier qu'ils ont nommé terre mercurielle, dont nous aurons occasion de parler lorsqu'il s'agira des substances métalliques. Mais bien loin que la vérité de ce sentiment soit prouvée par un nombre suffisant d'expériences, l'existence de cette terre mercurielle n'est pas encore elle-même bien établie. Mais pour nous en tenir à ce que nous connoissons certainement là-dessus, voici les propriétés qui caractérisent l'Acide dont il est actuellement question, & par lesquelles il diffère des deux autres dont nous avons déja parlé.

Lorsqu'il est combiné avec les terres absorbantes comme la chaux & la craie, il forme un Sel neutre qui ne se crys-

talife point, & qui attire l'humidité de
l'air après avoir été defféché. En ne
faoulant point entièrement la terre abforbante avec l'Acide marin, il fe forme un Sel qui a les propriétés de l'Alkali fixe ; c'eft ce qui nous a fait dire
lorfqu'il étoit queftion de ces Sels,
qu'on pouvoit en compofer de pareils
par le moyen d'un acide & d'une terre.
L'Acide du Sel marin a comme les autres une moindre affinité avec les terres
qu'avec les Alkalis fixes.

Lorfqu'il eft combiné avec ceux-ci,
il forme un Sel neutre qui fe cryftalife
en cubes. Ce fel s'humecte un peu à
l'air, & il eft par conféquent de ceux
dont l'eau ne diffout point une plus
grande quantité, du moins fenfible-
ment, lorfqu'elle eft bouillante que
lorfqu'elle eft froide.

L'Affinité de cet acide avec les alkalis & les terres abforbantes, eft
moindre que celle de l'Acide vitriolique & de l'Acide nitreux avec les mêmes fubftances : d'où il fuit que lorfqu'il eft combiné avec elles, il peut en
être féparé par l'un ou l'autre de ces
Acides.

L'ACIDE DU SEL MARIN.

L'Acide du Sel marin, ainfi dégagé des fubftances qui lui fervoient de bafes, fe nomme Efprit de Sel. Lorfqu'il contient peu de phlegme il a une couleur d'un jaune citron, & il envoye continuellement une grande quantité de vapeurs blanches fort épaiffes ; ce qui fait qu'on le nomme Efprit de fel fumant : fon odeur eft affés agréable & approche de celle du faffran.

ESPRIT DE SEL.

LE PHOS- PHORE.

L'Acide du Sel marin paroît avoir, comme les deux autres, plus d'affinité avec le phlogiftique qu'avec les Alkalis fixes. Ce qui prouve cette vérité, eft une opération très-curieufe, par laquelle on décompofe le Sel marin en le traitant comme il convient avec une matière qui contient du phlogiftique.

Il réfulte de la combinaifon de l'Acide du Sel marin avec le phlogiftique, une efpéce de foufre qui différe beaucoup du foufre commun ; mais particulièrement en ce qu'il a la propriété de s'enflammer tout feul lorfqu'il eft expofé à l'air libre. Cette combinaifon fe nomme Phofphore d'Angleterre, Phofphore d'urine, parcequ'on employe ordinairement l'urine pour le faire, ou simplement Phosphore. Cette combinaison de l'Acide marin avec le phlogistique ne se fait pas aisément, & demande une manœuvre difficile & des vaisseaux particuliers. Cela est cause qu'elle ne réussit pas toujours, & que le Phosphore est rare & cher : ce qui a empêché que jusqu'à présent on ait pu le soumettre aux expériences convenables pour reconnoître toutes ses propriétés. Lorsque le Phosphore se consume, on peut en retirer une petite quantité d'une liqueur acide qui est de l'esprit de sel.

L'ACIDE DU SEL MARIN.

On peut juger par ce que nous avons dit de l'union de l'Acide du Sel marin, avec un Alkali fixe & du Sel neutre qui en résulte, que le Sel commun dont on se sert dans la cuisine n'est autre chose que ce même Sel neutre. Mais il faut observer que l'Alkali fixe, qui est la base naturelle du Sel commun tel qu'on le retire des eaux de la mer, est d'une nature différente des autres Alkalis fixes en général, & qu'il a des propriétés qui lui sont particulières. Voici quelles sont ces propriétés :

LA BASE DU SEL MARIN.

1°. La base du Sel marin diffère des

LA BASE DU SEL MARIN. autres Alkalis fixes, en ce qu'elle se cryſtaliſe comme les Sels neutres.

2°. Elle ne s'humecte point à l'air, au contraire lorſqu'elle y eſt expoſée elle perd une partie de l'eau qui étoit entrée dans ſa cryſtaliſation : ce qui fait que ſes cryſtaux perdent leur tranſparence, deviennent comme farineux, & tombent en efflorefcence.

LE SEL DE GLAUBER. 3°. Lorſqu'elle eſt combinée avec l'Acide vitriolique juſqu'au point de ſaturation, elle forme avec lui un Sel neutre différent du tartre vitriolé, premièrement, par la figure de ſes cryſtaux, qui ſont des ſolides allongés & à ſix faces : ſecondement, par la quantité d'eau que ces cryſtaux retiennent en ſe cryſtaliſant, beaucoup plus conſidérable que celle des cryſtaux du tartre vitriolé ; d'où il ſuit que ce Sel neutre eſt auſſi plus facilement diſſoluble dans l'eau que le tartre vitriolé : troiſiémement, parceque ce Sel entre en fuſion à un dégré de feu fort modéré, au-lieu que le tartre vitriolé en exige un des plus violens.

On ſent aiſément que ſi on ſépare l'Acide du Sel marin de ſa baſe, par le moyen de l'Acide vitriolique , lorſque l'opération eſt faite, on doit avoir ce Sel pour réſultat. C'eſt un fameux Chymiſte nommé Glauber , qui après avoir ainſi extrait l'eſprit de Sel, eſt le premier qui ait examiné ce Sel neutre réſultant de ſon opération. Et comme il lui a trouvé des propriétés fort ſingulières , il lui a donné le nom de Sel admirable , qui lui eſt reſté : ce qui fait qu'on le nomme encore , Sel admirable de Glauber , ou ſimplement , Sel de Glauber.

4°. Lorſque la baſe du Sel marin eſt combinée avec l'Acide nitreux juſqu'au point de ſaturation, il en réſulte un Sel neutre ou eſpéce de Nitre, qui différe du Nitre ordinaire; premièrement , en ce qu'il attire aſſés fort l'humidité de l'air , ce qui fait qu'il ſe cryſtaliſe difficilement : & en ſecond lieu, par la figure de ſes cryſtaux, qui ſont des priſmes à quatre angles , ou des parallélébipédes , ce qui lui a fait donner le nom de Nitre quarré ou quadrangulaire.

Le Sel commun , ou le Sel neutre, formé par la combinaiſon de l'Acide

LE SEL MARIN.

du Sel marin avec cette eſpéce particulière d'Alkali fixe, a une ſaveur connue de tout le monde. La figure de ſes cryſtaux eſt exactement cubique. Il s'humecte à l'air, & lorſqu'on l'expoſe au feu, il commence, avant d'entrer en fuſion, à ſe fendre en une grande quantité de petits fragmens, avec bruit & pétillement : on a nommé cela, décrépitation du Sel marin.

SEL FEBRIFUGE DE SYLVIUS.

Le Sel neutre, dont nous avons déjà parlé, formé par la combinaiſon de l'Acide marin avec un Alkali fixe ordinaire, qu'on nomme Sel fébrifuge de Sylvius, a auſſi cette propriété.

Il nous reſteroit encore pour achever ce que nous avons à dire ſur les différentes eſpéces de Subſtances ſalines, à parler des Acides tirés des végétaux & des animaux, & des Alkalis volatils ; mais comme ces Subſtances ſalines ne ſont que celles dont nous venons de parler, différemment altérées par l'union qu'elles ont contractée avec pluſieurs principes des végétaux & des animaux dont nous n'avons encore rien dit ; il eſt à propos de remettre à en parler lorſque nous aurons traité de ces mêmes principes.

On nous apporte des Indes une matière saline qui entre facilement en fusion, & prend la forme de verre. Elle est d'un grand usage pour faciliter la fusion des substances métalliques; elle est connue sous le nom de Borax. Elle a quelques-unes des propriétés des Alkalis fixes ; ce qui la fait regarder par quelques Chymistes comme un Alkali fixe pur : mais mal-à-propos.

M. Homberg, Docteur en Médecine , & Membre de l'Académie des Sciences, a retiré du Borax, en y mêlant de l'Acide vitriolique, un Sel qui se sublime à un certain dégré de chaleur , à mesure que le mélange se fait. Ce sel a des propriétés très-singulières ; sa nature ne nous est pas encore bien connue. Il se dissout très-difficilement dans l'eau ; il n'est pas volatil , quoiqu'il se sublime lorsqu'on le retire du Borax. Car quand il est une fois fait , il résiste à la plus grande violence du feu, entre en fusion, & se vitrifie comme le Borax même. M. Homberg lui a donné le nom de Sel sédatif, à cause de la ver-

tu qu'il a en médecine. Depuis M.
Homberg, on s'eſt apperçu qu'on pouvoit faire du Sel ſédatif avec les Acides
nitreux & marin, & qu'il n'étoit pas
néceſſaire de le ſublimer pour le reti-
ter du Borax, mais qu'on l'obtenoit
par la cryſtaliſation. C'eſt à M. Geoffroi, de l'Académie des Sciences, que
nous ſommes redevables de cette dernière découverte, & M. Lémery,
Docteur en Médecine & Membre de
la même Académie, eſt l'auteur de la
première.

Depuis ces Meſſieurs, M. Baron
d'Hénouville, Docteur en Médecine
& très-habile Chymiſte, a fait voir
qu'on pouvoit retirer le Sel ſédatif
avec les Acides végétaux, & vient de
démontrer dans d'excellens mémoires,
lus à l'Académie des Sciences, & im-
primés dans le recueil de ceux des cor-
reſpondans de cette Académie, que le Sel
ſédatif exiſte en entier dans le Borax, &
qu'il n'eſt pas le produit du mélange des
Acides avec cette ſubſtance ſaline, comme on l'avoit cru juſqu'à-préſent. La
preuve convaincante qu'il en apporte,
eſt l'analyſe qu'il fait du Borax, de

laquelle il réſulte qu'il n'eſt autre choſe que le Sel ſédatif même, uni avec l'Alkali fixe qui ſert de baſe au Sel marin, & la régénération qu'il fait de ce même Borax, en uniſſant enſemble cet Alkali avec le Sel ſédatif. Preuve la plus complette qu'on puiſſe avoir en Phyſique, & qui équivaut à une démonſtration.

CHAPITRE V.

De la Chaux,

ON donne aſſés généralement le nom de Chaux à toutes les ſubſtances qui ont éprouvé l'action du feu juſqu'à un certain dégré, ſans entrer en fuſion. Ce ſont principalement les ſubſtances pierreuſes & métalliques, qui ont la propriété de ſe convertir en Chaux. Nous parlerons ci-après des Chaux métalliques ; il s'agit dans ce chapitre des Chaux pierreuſes.

Nous avons déja dit en parlant de la terre en général, qu'elle peut ſe diviſer principalement en deux eſpéces,

dont l'une entre promptement en fusion lorsqu'elle éprouve l'action du
feu & se vitrifie ; c'est celle qu'on
nomme pour cette raison terre vitrifiable : & l'autre qui résiste à l'action
du feu la plus violente , & qui porte
le nom de terre calcinable.

Les différentes espéces de pierres
n'étant elles mêmes que des composés
de terre , ont la même propriété que
la terre dont elles sont composées ,
& peuvent se diviser de même en
pierres fusibles , ou vitrifiables , &
pierres non fusibles ou calcinables.
Les pierres fusibles sont désignées assés
généralement sous le nom de cailloux ;
& les pierres calcinables , sont les
différentes espéces de marbres , les
pierres crétacées , celles qu'on nomme communément pierres de taille ,
dont quelques - unes , sçavoir celles
dont on fait la meilleure Chaux , portent par excellence le nom de pierres
à chaux. Les coquilles des poissons de
mer , & les pierres où se trouvent en
abondance des coquillages fossiles ,
peuvent aussi se convertir en Chaux.

Toutes ces substances , après avoir

éprouvé, plus ou moins long-tems suivant leur nature, une violente action du feu, sont ce qu'on appelle calcinées. Elles perdent par la calcination une partie considérable de leur poids, acquièrent une couleur blanche, & deviennent friables ; même celles qui avant la calcination étoient les plus solides, comme par exemple les marbres les plus durs. Ces matières ainsi calcinées portent le nom de Chaux-vive.

L'eau pénétre la Chaux-vive, & se joint à elle avec une activité prodigieuse. Si on plonge dans l'eau un morceau de Chaux nouvellement calcinée, elle excite en y entrant, un bruit, un bouillonnement, une fumée presqu'aussi considérables, que si c'étoit un fer rouge qu'on y eût plongé, & une si grande chaleur, que quand la Chaux & l'eau sont dans des proportions convenables, elle est capable de mettre le feu à des corps combustibles, comme cela est arrivé à des batteaux chargés de Chaux, dans lesquels il étoit entré par malheur une certaine quantité d'eau.

LA
CHAUX.

CHAUX
ÉTEINTE.

A peine la Chaux est-elle dans l'eau, qu'elle se gonfle, se divise en une infinité de petites parties ; en un mot, elle est en quelque sorte dissoute par l'eau, qui forme avec elle une espéce de pâte blanche qu'on nomme Chaux éteinte.

LAIT DE
CHAUX.

Si la quantité d'eau est assés considérable pour que la Chaux forme avec elle une liqueur blanche, cette liqueur prend le nom de Lait de Chaux.

CRÈME
DE CHAUX.

Le Lait de Chaux laissé en repos pendant un certain tems, s'éclaircit, devient transparent, & la Chaux qu'il tenoit suspendue, & qui lui causoit son opacité, se précipite au fond du vaisseau dans lequel il est contenu. Il se forme pour lors à la surface de la liqueur, une pellicule crystalline, un peu terne & opaque, qui se reproduit à mesure qu'on l'enléve ; cette matière porte le nom de Crême de Chaux.

La Chaux éteinte se dessèche peu-à-peu, & prend la forme d'une matière solide, mais fendue en divers endroits, & qui n'a point de dureté.

II

Il n'en est pas de même, si lorsqu'elle est encore en pâte, on la mêle
avec une certaine quantité d'une matière pierreuse non calcinée, comme
du sable, par exemple : elle prend
pour lors le nom de Mortier, & acquiert en séchant & vieillissant, une
dureté comparable à celle des meilleures pierres. Ce phénoméne est des
plus singuliers, des plus difficiles à
expliquer, & en même-tems des plus
utiles. Tout le monde connoît l'usage
du mortier dans les bâtimens.

La Chaux vive attire l'humidité
de l'air, de même que les acides concentrés & les alkalis fixes desséchés ;
mais non pas en assés grande quantité
pour se réduire en liqueur : elle se
divise seulement en parties extrêmement fines, prend la forme d'une
poudre, & le nom de Chaux éteinte
à l'air.

La Chaux qui a été une fois éteinte, quelque séche qu'elle paroisse ensuite, retient toujours une grande
quantité de l'eau dont elle s'étoit
chargée, & a besoin d'une calcination des plus violentes pour en être

LA
CHAUX. privée. Etant ainsi recalcinée, elle redevient Chaux-vive, & recouvre toutes ses propriétés.

Outre cette grande affinité de la Chaux avec l'eau, qui marque un caractère salin, elle a encore plusieurs autres propriétés salines dont nous parlerons dans la suite, qui ressemblent beaucoup à celles des alkalis fixes. Elle joue dans la Chymie presque le même rôle que ces sels : c'est ce qui a fait croire à plusieurs Chymistes que la Chaux contient un véritable sel, auquel on doit rapporter tout ce qu'elle a de commun avec les sels.

LE SEL DE
LA CHAUX. Mais comme on a long-tems négligé d'examiner chymiquement cette matière, l'existence d'une substance saline dans la Chaux a été aussi long-tems douteuse. M. du Fay, de l'Académie royale des Sciences, qui a fait de fort-belles expériences chymiques, est un des premiers qui ait retiré un sel de la Chaux, en la lessivant dans beaucoup d'eau qu'il faisoit ensuite évaporer. Mais ce sel étoit en très-petite quantité ; il n'étoit pas même de nature alkaliné, comme il paroît qu'il

auroit dû être, eu égard aux propriétés de la Chaux. M. du Fay n'a pas
pouſſé plus loin ſes expériences ſur
cette matière, vrai-ſemblablement
parceque le tems lui a manqué, & il
n'a pas déterminé de quelle nature
étoit ce ſel.

M. Malouin, Docteur en Médecine de la Faculté de Paris, Membre
de l'Académie des Sciences, & très-
habile Chymiſte, a été curieux d'examiner la nature de ce ſel de la Chaux.
Il a d'abord reconnu que ce n'étoit
autre choſe que ce que nous avons
nommé crême de Chaux. Il eſt parvenu en mêlant un Sel alkali fixe avec
de l'eau de Chaux, à former un tartre vitriolé : en y mêlant un Alkali
ſemblable à la baſe du Sel marin, il a
eu du ſel de Glauber : enfin, en combinant la Chaux avec une matière
abondante en phlogiſtique, il a formé
de véritable ſoufre. Ces expériences,
qui ſont très-ingénieuſes, prouvent
démonſtrativement que l'acide vitriolique eſt celui du ſel de la Chaux :
car comme nous avons vu, il n'y a
que cet acide qui ſoit capable de for-

mer ces combinaisons. D'un autre
côté, M. Malouin après avoir séparé
l'acide vitriolique de la base avec laquelle il étoit joint, en l'obligeant de
la quitter pour se joindre au phlogistique, s'est assuré que cette base étoit
terreuse & analogue à celle de la sélénitte ; d'où il a conclu que le sel de
la Chaux est un véritable sel neutre,
de la nature de la sélénitte. M. Malouin annonce dans son mémoire,
qu'il a trouvé encore dans la Chaux
différens autres sels. Mais comme aucun de ces sels n'est un alkali fixe, &
que les propriétés salines de la Chaux
se rapportent toutes à celles de cette
espéce de sel, il y a tout lieu de croire
que tous ces sels sont étrangers à la
Chaux, & qu'ils ne se trouvent joints
avec elle qu'accidentellement.

J'ai fait aussi plusieurs expériences
pour acquérir quelques lumières sur
la nature saline de la Chaux. J'en
vais rapporter le résultat, le plus som-
mairement qu'il me sera possible. J'ai
imprégné avec différentes substances
acides, alkalines & neutres, différentes pierres, dont les unes par la

calcination se convertissoient en très-bonne Chaux , & les autres ne devenoient qu'une Chaux très-foible. Toutes ces pierres ont été exposées à un même dégré de feu, assés fort & assés long-tems continué pour convertir en très-bonne Chaux les pierres les plus difficiles à calciner : & il s'est trouvé qu'après cette calcination, non-seulement les pierres qui ne devenoient naturellement qu'une Chaux foible , n'avoient point été converties en une Chaux plus active; mais encore qu'aucune de ces pierres, même celles qui naturellement étoient propres à faire la Chaux la plus active, n'avoient acquis les propriétés de Chaux. J'ai varié ces expériences de toutes les manières , en employant différentes doses de matières salines, & presque tous les dégrés possibles de calcination. J'ai observé constamment, qu'après la calcination , toutes ces pierres s'éloignoient d'autant plus de l'état de Chaux , qu'elles avoient été combinées avec de plus grandes doses de Sels. J'en ai même observé quelques-unes [c'étoient celles qui étoient les plus chargées de sel, & qui avoient éprouvé la plus grande action du feu] qui étoient entré en fusion, & qui étoient comme vitrifiées. Or comme l'état de verre & celui de Chaux sont incompatibles dans le même sujet & dans le même tems ; qu'une matière ne peut s'approcher de l'un, qu'à proportion qu'elle s'éloigne de l'autre ; & que les Sels en général disposent à la fusion & à la vitrification les matières qui en sont les plus éloignées ; j'ai conclu de mes expériences, que c'étoit en servant de fondant à mes pierres, que les matières salines avoient fait obstacle à leur calcination ; qu'en conséquence il est vraisemblable qu'aucune matière saline n'entre dans la composition de la Chaux, & que ce n'est point à aucun Sel, que la Chaux doit ses propriétés salines.

Cette théorie s'accorde merveilleusement bien avec le sentiment de l'illustre M. Stahl, un des plus grands Chymistes que nous ayons encore eu. Ce grand-homme croit, comme nous l'avons dit en parlant des Sels en général, que toute matière saline n'est qu'une terre combinée d'une certaine manière avec de l'eau. Il applique ce sentiment à la Chaux ; il dit que le feu ne fait que subtiliser & atténuer la matière terreuse, de telle sorte, qu'elle devient capable de s'unir avec l'eau, comme il convient afin qu'il résulte de cette combinaison une substance ayant des propriétés salines ; & que par conséquent la Chaux n'acquiert ces sortes de propriétés, qu'après avoir été combinée avec de l'eau.

Je me suis étendu davantage sur le sel de la Chaux que je ne ferai sur aucune autre matière, parceque cet objet, très-important par lui-même, a été peu examiné jusqu'à présent, & que les expériences dont j'ai rendu compte à ce sujet sont toutes nouvelles, les Memoires qui les contiennent n'étant pas même encore publics.

La Chaux s'unit avec les differens acides, & présente avec eux différens phénoménes.

L'acide vitriolique versé sur la Chaux, la dissout avec effervescence

& chaleur. Il s'exhale de ce mélange une grande quantité de vapeurs tout-à-fait semblables pour l'odeur & pour la couleur à celles de l'efprit de Sel marin ; mais qui raffemblées & réunies en liqueur , en font cependant très-différentes. Il réfulte de cette combinaifon de l'acide vitriolique avec la Chaux , un fel neutre qui fe cryftalife , & qui eft analogue au fel félénitique que M. Malouin en a retiré.

L'acide nitreux verfé fur la Chaux, la diffout auffi avec effervefcence & chaleur ; & cette diffolution eft tranfparente. Elle différe en cela de celle qui eft faite par l'acide vitriolique , qui eft opaque. Il réfulte de ce mélange un fel neutre nitreux qui ne fe cryftalife point , & qui a la proprieté très-finguliere d'être volatil , & de paffer tout entier dans la diftillation fous la forme d'une liqueur. Ce phénoméne eft d'autant plus remarquable, que la Chaux qui eft la bafe de ce fel , eft une des fubftances les plus fixes qu'on connoiffe en Chymie.

Avec l'acide du Sel marin , la Chaux forme

forme auffi un fel d'une efpéce fingu-

lière qui eft très-avide de l'humidité de l'air. Nous aurons occafion d'en parler dans un autre endroit.

Ces expériences de la Chaux avec les acides font encore toutes nou- velles. Nous en fommes redevables à M. Duhamel, de l'Académie des Sciences, qui par les excellens mé- moires qu'il a donnés en différens gen- res, a montré qu'il a des connoiffan- ces très-étendues fur toutes les parties de la Phyfique.

La Chaux traitée avec les alkalis

fixes, augmente confidérablement leur caufticité, & les rend beaucoup plus pénétrans & plus actifs. Une lef- five alkaline dans laquelle on a fait bouillir de la chaux, évaporée jufqu'à ficcité, forme une matière très-cauf- tique, qui entre en fufion très-facile- ment, & attire puiffamment l'humi- dité de l'air : on la nomme Pierre à Cautère, parcequ'on s'en fert en Chi- rurgie, pour faire des efcarres fur la peau & la cautérifer.

CHAPITRE VI.

Des Substances métalliques en général·

LEs Substances métalliques font composées principalement d'une terre vitrifiable unie avec le phlogisti-que.

Les meilleurs Chymistes admettent un troisiéme principe de ces corps, qu'ils ont nommé Terre mercurielle; le même qui selon Béker & Stahl combiné avec l'acide vitriolique, forme & caractérise l'acide du sel marin. L'existence de ce principe n'est encore démontrée par aucune expérience ab-solument décisive ; mais nous allons voir qu'il y a des raisons très-fortes pour l'admettre.

Ce qui prouve que les Substances métalliques font composées d'une ter-re vitrifiable combinée avec le phlo-gistique, c'est qu'on peut, en les pri-vant de leur phlogistique, les réduire pour la plupart en véritable verre ; & que ce même verre recouvre toutes ses

propriétés métalliques , en le rejoi-
gnant avec le phlogistique. Mais il
faut observer que les Chymistes n'ont
point encore pu parvenir à donner les
propriétés métalliques , par l'addition
du phlogistique, indifféremment à toutes sortes de terres vitrifiables ; mais
seulement à celles qui ont déja fait
elles-mêmes partie d'un corps métallique. Par exemple , avec le phlogistique & du sable on ne peut former un
composé qui ait aucune ressemblance
avec un métal ; & c'est-là ce qu'il y a
de plus convaincant pour prouver l'e-
xistence d'un troisiéme principe, nécessaire pour former la combinaison
métallique. Ce principe reste apparemment uni avec la terre vitrifiable
d'une substance métallique, lorsqu'on
la réduit en verre ; d'où il suit que ces
vitrifications de métaux n'ont besoin que de l'addition du phlogistique pour reparoître sous leur première
forme.

Une autre raison qui n'est pas moins
forte , & qui prouve que ces vitrifications métalliques ne font point la
terre vitrifiable pure & proprement

G ij

dite, c'est qu'on peut par des calcinations réitérées, ou long-tems conti-
nuées, leur faire perdre la propriété
de reprendre jamais la forme métallique, de quelque manière qu'on les
traite ensuite avec le phlogistique, &
les réduire par conséquent à la condition de la terre vitrifiable, simple
& exempte d'aucun mélange. Les Chymistes partisans de la terre mercurielle,
rapportent un grand nombre d'autres
preuves de l'existence de ce principe
dans les Substances métalliques : mais
elles seroient déplacées dans ce livre
élémentaire.

Lorsqu'on rend à un verre métallique sa forme de métal par l'addition
du phlogistique, cela s'appelle réduire, ressusciter, ou révivifier un métal.

Les Substances métalliques sont de
différentes espéces, & se divisent en
Métaux & demi-Métaux.

On nomme Métaux, celles qui outre l'aspect & le brillant métallique,
ont encore la malléabilité, c'est-à-dire, la propriété de s'étendre sous le
marteau, & de prendre par ce moyen

différentes formes fans fe caffer.

Celles qui n'ont que l'afpect & le brillant métallique, fans malléabilité, font appellées demi-Métaux.

Les Métaux eux-mêmes fe divifent encore en deux efpéces, fçavoir les Métaux parfaits & les Métaux imparfaits.

Les Métaux parfaits font ceux qui ne fouffrent aucune altération ni aucun changement, par l'action du feu la plus violente & la plus long-tems continuée : les Métaux imparfaits font ceux qui perdent par l'action du feu leur phlogiftique ; & par conféquent leur forme métallique.

Lorfqu'on n'employe qu'un dégré de feu modéré pour priver un métal de fon phlogiftique, cela s'appelle calciner ce métal ; & pour lors il refte fous la forme d'une terre pulvérulente qu'on nomme chaux : c'eft cette chaux métallique qui expofée à un dégré de feu plus violent, entre en fufion & fe change en verre.

Les Subftances métalliques ont de l'affinité avec les acides ; mais non pas indifféremment, c'eft-à-dire, que toute Substance métallique ne peut pas se joindre & s'unir avec un acide quelconque.

Lorsqu'un acide se joint avec une Substance métallique, il s'excite pour l'ordinaire une ébullition accompagnée d'une espéce de sifflement, & de vapeurs qui s'élévent. A mesure que l'union se fait, les parties du métal combiné avec l'acide deviennent invisibles; cela se nomme dissolution : & lorsque toute une masse métallique a ainsi disparu dans un acide, on dit que ce métal a été dissou par cet acide.

Il faut observer qu'il en est des Substances métalliques à l'égard des acides, comme des alkalis & des terres absorbantes; c'est-à-dire, qu'un acide ne peut se charger que d'une certaine quantité de parties métalliques, qui sont capables de le saouler, de lui faire perdre plusieurs de ses propriétés, & d'en diminuer d'autres. Par exemple, lorsqu'un acide est combiné avec un métal jusqu'au point de saturation, il perd sa saveur, ne change plus en rouge les couleurs bleues

des végétaux, & l'affinité qu'il avoit
avec l'eau est confidérablement diminuée. Au contraire les Substances métalliques, qui lorsqu'elles sont pures ne
peuvent se joindre avec l'eau, acquiérent la propriété de s'y dissoudre lorfqu'elles sont jointes avec un acide.
Ces combinaisons de Substances métalliques avec les acides, forment
des espéces de sels neutres, dont les
uns ont la propriété de se crystalifer,
& les autres ne l'ont pas. La plupart
lorsqu'ils sont fortement desséchés,
attirent l'humidité de l'air.

L'affinité qu'ont les Substances métalliques avec les acides, est moindre
que celle qu'ont les terres absorbantes & les alkalis fixes avec ces mêmes acides; en sorte que tous les sels
métalliques peuvent être décomposés
par l'une de ces substances qui préci-
pitera le métal, & se joindra avec l'a-
cide à son préjudice.

Les Substances métalliques qui après
avoir été dissoutes par un acide en
font ainsi séparées, se nomment Ma-
gifters, & Précipités métalliques. Ces
fortes de Précipités, à l'exception de

ceux des métaux parfaits, n'ont plus la forme métallique ; ils ont été privés de leur phlogistique dans ces dissolutions & précipitations , & ont besoin qu'on le leur rende pour recouvrer leurs propriétés : en un mot ils sont à peu près dans le même état que les Substances métalliques qu'on a privées de leur phlogistique par la calcination : ce qui leur a fait donner aussi le nom de chaux.

Les Substances métalliques ont les unes avec les autres une affinité , qui diffère suivant les différentes espéces ; mais cela n'est pas général, car il y en a qui ne peuvent contracter ensemble aucune union.

Il faut observer que les Substances métalliques ne se joignent ensemble que lorsqu'elles sont les unes & les autres dans un état semblable , c'est-à-dire , ou sous la forme métallique , ou sous celle de verre : mais qu'une Substance métallique qui a son phlogistique , ne peut contracter d'union avec aucun verre métallique , même avec le sien propre.

CHAPITRE VII.

Des Métaux.

ON compte six métaux, sçavoir deux parfaits & quatre imparfaits. Les métaux parfaits sont l'Or & l'Argent; les autres sont le Cuivre, l'Etain, le Plomb & le Fer. Quelques Chymistes ont admis un septiéme métal, sçavoir le Vif-Argent; mais comme il n'a pas la malléabilité, le plus grand nombre l'ont considéré comme un corps métallique d'un genre particulier. Nous allons avoir occasion d'en parler plus particulièrement.

Les anciens Chymistes, ou plutôt les Alchymistes, qui croyoient qu'il y avoit un rapport & une analogie entre les métaux & les corps célestes, ont donné aux sept métaux, en y comptant le Vif-Argent, le nom des sept planétes anciennes, suivant l'affinité qu'ils ont cru avoir découverte entre ces différens corps. Ils ont nommé l'Or le Soleil; l'Argent la Lune,

LES ME-   le Cuivre Venus ; l'Etain Jupiter ;
TAUX.   le Plomb Saturne ; le Fer Mars, &
le Vif-Argent Mercure. Ces dénominations, quoique fondées sur des raisons absolument chimériques, n'ont
pas laissé que de leur rester ; en sorte
qu'il est assés ordinaire de trouver les
métaux ainsi nommés dans les livres
même des meilleurs Chymistes, &
désignés par les signes des planétes. Les
métaux sont les corps les plus pésans
qu'on connoisse dans la nature.

L'OR.   L'Or est le plus pésant de tous les
métaux. L'art du tireur & du bat-
teur d'Or font voir combien est
grande la ductilité de ce métal. L'action du feu seul est incapable de lui
causer aucune altération. M. Homberg fameux Chymiste, a pourtant
prétendu avoir fait fumer, & même
vitrifié ce métal en l'exposant au foyer
d'un des plus forts verres ardens
qu'on ait encore vus, connu sous le
nom de Lentille du Palais royal : mais
on a d'excellentes raisons de révoquer
en doute les expériences qu'il a faites
à ce sujet, & même de croire qu'il s'est
absolument trompé.

1°. Personne depuis lui n'a pu réuſſir à vitrifier l'Or , quoique pluſieurs
Phyſiciens ayent tenté tous les moyens
d'y réuſſir , en l'expoſant au foyer de
la même lentille , ou même de verres
ardens encore meilleurs.

2°. On s'eſt apperçu que l'Or expoſé au foyer de ces verres , envoyoit
à la vérité des vapeurs , & diminuoit
de poids : mais ces mêmes vapeurs ra-
maſſées exactement par le moyen d'un
papier, ſe ſont trouvé être de véritable
Or, qui n'étoit nullement vitrifié , &
n'avoit par conſéquent ſouffert d'autre
altération , que d'être enlevé par la
violence du feu ſans changer aucunement de nature.

3°. La petite quantité de ſubſtance
vitrifiée qui s'eſt trouvée ſur le ſupport , dans l'expérience de ce Chymiſte , peut avoir été fournie , ou par
le ſupport lui-même , ou plutôt encore par les parties hétérogènes que l'Or
contient ; car il eſt preſque impoſſible
de l'avoir abſolument pur.

4°. M. Homberg , ni aucun de ceux
qui ont réitéré ſon expérience , n'ont
révivifié ce prétendu verre d'Or en

lui rendant du phlogistique, comme cela se pratique à l'égard des autres verres métalliques.

5°. Afin que l'expérience fût décisive, il faudroit qu'on eût vitrifié toute la masse d'Or qu'on a employée, ce qui n'a pas été fait.

Je ne prétends pourtant pas nier pour cela que ce métal soit par lui-même absolument indestructible & invitrifiable; mais il y a lieu de croire que les hommes n'ont pu y parvenir jusqu'à présent, apparemment faute d'avoir pu produire un dégré de feu assés violent; du moins la chose est très-douteuse.

L'Or ne peut être dissou par aucun de nos acides purs; mais si on mêle ensemble l'acide nitreux & celui du sel marin, il en résulte une liqueur acide composée, avec laquelle il a une très-grande affinité, & qui est capable de dissoudre parfaitement ce métal. Ce dissolvant a été nommé par les Chymistes, Eau régale, à cause qu'il est le seul acide qui puisse dissoudre l'Or, qu'ils regardent comme le roi des métaux. La dissolution d'Or est d'un beau jaune oranger.

Lorfque l'Or eft tenu en diffolution par l'Eau régale, fi on le précipite par un alkali, ou une terre abforbante, qu'on le laiffe fécher doucement, & qu'on l'expofe enfuite à un certain dégré de chaleur, il fe diffipe rapidement en l'air, avec une explofion & un fracas des plus violens. L'Or ainfi précipité a été nommé à caufe de cela, Or fulminant. Mais fi après avoir précipité l'Or, on a foin de le laver dans beaucoup d'eau, & de lui enlever tout ce qu'il peut avoir retenu de parties falines, il n'eft plus fulminant; on peut le fondre au creufet, & le faire reparoître fans aucune addition fous fa forme ordinaire.

L'Or n'entre en fufion que lorfqu'il eft devenu rouge, & embrafé comme un charbon ardent. Quoiqu'il foit le plus malléable & le plus ductil de tous les métaux, il a la propriété fingulière d'être auffi celui qui perd le plus facilement fa ductilité; la vapeur des charbons fuffit pour la lui enlever, fi elle le touche lorfqu'il eft en fufion

La malléabilité de ce métal, ainfi que celle des autres, eft encore confi-

dérablement diminuée , fi lorfqu'ils
font rouges , on les expofe à un froid
fubit ; par exemple en les trempant
dans l'eau , ou même en les expofant
feulement à un air froid.

Le moyen de rendre la ductilité ,
foit à l'Or qui l'a perdue par l'attouchement de la vapeur des charbons ,
foit en général à tout métal , quand
il eft devenu moins malléable par un
refroidiffement fubit , eft de faire rougir de nouveau ces métaux , de les tenir long-tems rouges , & de les laiffer refroidir très-lentement & par dégrés : en réitérant plufieurs fois cette
manœuvre , on augmente de plus en
plus la malléabilité d'un métal.

Le foufre pur n'a point d'action fu
l'Or : mais quand il eft combiné avec
un alxali, & forme le compofé que nous
avons nommé foie de foufre , il s'unit
très - aifément avec ce métal. Cette
union même eft fi intime , que l'Or
devient par ce moyen diffoluble dans
l'eau , & que ce nouveau compofé
d'Or & de foie de foufre diffou dans
l'eau , peut paffer par les pores du papier gris , fans fouffrir aucune décompofition.

L'Or fulminant mêlé & fondu avec les fleurs de soufre perd sa propriété de fulminer ; ce qui ne vient sans doute que de ce que dans cette occasion le soufre se décompose par la combustion, & que par conséquent son acide, qui est le même que le vitriolique, comme nous l'avons vu, peut agir sur lui : car l'acide vitriolique seul versé sur l'Or fulminant lui enléve aussi sa propriété de fulminer.

L'Argent est après l'Or le métal le plus parfait. Il résiste comme l'Or à la violence du feu, même au foyer du verre ardent. Il n'a pourtant que le second rang parmi les métaux ; premièrement parcequ'il est moins pésant que l'Or, de presque la moitié ; secondement, parcequ'il a aussi moins de ductilité ; troisiémement, parceque comme nous l'allons voir, il y a un plus grand nombre de dissolvans qui ont action sur lui.

L'Argent a néanmoins sur l'Or l'avantage d'être un peu plus dur, ce qui le rend aussi plus sonore.

Ce métal entre en fusion, ainsi que

l'Or, lorfqu'il eft pénétré de feu jufqu'au point de paroître rouge & embrafé comme un charbon ardent. Le
véritable diffolvant de l'Argent eft l'a-
cide nitreux. Cet acide, lorfqu'il eft
un peu concentré, diffout une quantité d'Argent ayant un poids égal au
fien, & cela avec promptitude & facilité.

L'Argent ainfi combiné avec l'acide
nitreux, forme un fel métallique qui
fe cryftalife.

On a nommé ce fel ainfi cryftalifé,
Cryftaux de lune. Ces Cryftaux font
un corrofif des plus violens. Appliqués fur la peau, ils y font promptement une impreffion prefque femblable à celle d'un charbon ardent ; y
produifent une efcarre de couleur noire, & rongent & détruifent entièrement la partie qu'ils ont touchée. Les
Chirurgiens s'en fervent avec fuccès
pour confommer les chairs fongueufes
& baveufes des ulcères.

Ces Cryftaux entrent en fufion à
un dégré de chaleur fort modéré, &
avant même de rougir. Quand ils ont
été ainfi fondus, ils forment une maffe
noirâtre

noirâtre ; & c'est sous cette forme qu'on les emploie en Chirurgie : c'est ce qui a fait donner à cette préparation le nom de Pierre infernale.

L'Argent se dissout aussi dans l'acide vitriolique ; mais il faut que cet acide soit concentré ; qu'il y en ait le double de son poids, & la dissolution ne se fait qu'à l'aide d'un dégré de chaleur assés considérable.

A l'égard de l'esprit de sel & de l'Eau régale, ils ne peuvent dissoudre ce métal, non plus que les autres acides.

Quoique l'Argent ne puisse se dissoudre dans l'acide du sel marin, & qu'il ne se dissolve, comme nous venons de le voir, qu'avec peine dans l'acide vitriolique, ce n'est pas à dire pour cela qu'il n'ait avec celui-ci qu'une foible affinité, & qu'il n'en ait point du tout avec l'autre ; au contraire l'expérience prouve qu'il a avec ces deux acides un plus grand rapport qu'il n'en a avec l'acide nitreux : ce qui est assés singulier, vu la grande facilité avec laquelle ce métal se dissout dans cet acide.

Voici l'expérience qui prouve cette vérité : c'est que si on ajoute de l'acide vitriolique, ou de l'acide du sel marin, à une dissolution d'Argent dans l'acide nitreux, sur le champ l'Argent se sépare de son dissolvant, pour se joindre avec celui de ces deux acides qu'on a employé pour faire cette séparation.

L'Argent ainsi joint avec l'acide vitriolique ou celui du sel marin, est moins dissoluble dans l'eau, que lorsqu'il est combiné avec l'acide nitreux ; c'estpourquoi il arrive que lorsqu'on ajoute l'un ou l'autre de ces acides dans une dissolution d'Argent, la liqueur blanchit aussitôt, & il se forme un Précipité qui n'est que l'Argent uni avec l'acide précipitant. Si c'est avec l'acide vitriolique qu'on fait cette précipitation, en ajoutant une suffisante quantité d'eau, le Précipité disparoît, parceque pour lors il se trouve assés d'eau pour le dissoudre. Il n'en est pas de-même lorsqu'on fait cette précipitation par l'acide du sel marin; car la combinaison d'Argent avec cet acide est presque indissolubledans l'eau.

Ce Précipité d'Argent fait par l'acide du sel marin se fond très-facilement ; & quand il a été ainsi mis en fusion, il se change en un corps un peu transparent & fléxible ; ce qui lui a fait donner le nom de Lune cornée.

Il faut observer que si au-lieu d'acide de sel marin , on ajoute du sel marin même à la dissolution d'Argent dans l'acide nitreux, il se fait de-même un Précipité qui mis en fusion est une vraie Lune cornée. Cela vient de ce que dans cette occasion , le sel marin est décomposé par l'acide nitreux qui s'empare de sa base, avec laquelle il a un plus grand rapport que son propre acide ; & dégage par conséquent ce même acide , qui devenu libre se joint avec l'Argent, avec lequel , comme nous venons de le voir, il a lui-même un plus grand rapport que l'acide nitreux. On voit par-là que ces décompositions se font par le moyen d'une double affinité.

On sçait déja par ce que nous avons dit, que toutes ces combinaisons d'Argent avec les différens acides, peu-

vent être décompofées par les terres
abforbantes & par les alkalis fixes.,
puifque cette loi eft générale pour
toutes les Subftances métalliques ;
ainfi nous ne le répéterons pas dans
la fuite., quand il s'agira des autres
métaux , à moins qu'il n'y ait quelque
chofe de particulier à obferver là-deffus.

Je remarquerai à l'égard de l'Argent , que lorfqu'il eft ainfi féparé par
ces intermédes des acides qui le te-
noient en diffolution , il n'a befoin
que de la fimple fufion pour reparoître fous fa forme ordinaire , parcequ'il ne perd pas fon phlogiftique, non
plus que l'Or , par ces diffolutions &
précipitations.

L'Argent peut fe joindre avec le
foufre dans la fufion. Si même l'Argent
eft fimplement rouge dans un creufet,
& qu'on y ajoute du foufre , il entre
auffitôt en fufion , parceque le foufre la facilite beaucoup. Lorfque l'Argent eft ainfi uni avec le foufre , il
forme une maffe qui peut fe couper,
qui eft demi-malléable , & qui a prefque la couleur & la confiftence du

plomb. Si on laisse cet Argent sulphuré
en fusion pendant long-tems, & à une
forte chaleur, le soufre se dissipe &
laisse l'Argent pur.

L'Argent s'unit & se mêle par la fusion parfaitement avec l'Or. Ces deux
métaux ainsi mêlés forment un composé qui a des propriétés participantes
de l'un & de l'autre.

Jusqu'à présent on n'a pu trouver
un bon moyen de les séparer par la
seule voie séche; (on se sert de ce terme pour toutes les opérations qui se
font par la fusion) mais il y en a un
excellent de faire cette séparation par
la voie humide, c'est-à-dire, par les
dissolvans acides. Ce moyen est fondé
sur ce que nous avons dit des propriétés de l'Or & de l'Argent par rapport
aux acides. Nous avons vu qu'il n'y
a que l'Eau régale qui puisse dissoudre l'Or ; que l'Argent au contraire
ne se dissout point dans l'Eau régale,
mais que son vrai dissolvant est l'acide
nitreux : par conséquent lorsque l'Or
& l'Argent sont mêlés ensemble, si
on met la masse qui en résulte dans
l'eau forte, cet acide dissoudra tout

ce qu'il y a d'Argent, & ne touchera aucunement à l'Or qui doit rester pur; on aura donc par-là la séparation desirée. Ce moyen s'emploie communément dans l'Orfévrie, & les monoies : on l'a nommé le Départ.

Il est clair que si au-lieu d'Eau forte on employoit l'Eau régale, on feroit également le départ ; & que toute la différence qu'il y auroit dans ce procédé, consisteroit en ce que ce seroit l'Or qui seroit dissou, & que l'Argent resteroit pur. Mais on préfere l'Eau forte pour cette opération, parceque l'Eau régale ne laisse point de mordre un peu sur l'Argent, au-lieu que l'Eau forte n'a pas la moindre action sur l'Or.

Il faut remarquer que lorsque l'Or & l'Argent sont mêlés ensemble à parties égales, on ne peut pas faire le départ par le moyen de l'Eau forte. Il est nécessaire, afin que l'Eau forte puisse dissoudre l'Argent comme il convient, que le poids de ce métal soit au moins triple de celui de l'Or. Quand il est en moindre proportion, il faut se servir de l'Eau régale, ou

bien faire fondre la masse métallique,
& y ajouter la quantité d'Argent nécessaire pour qu'il se trouve dans la
proportion que nous venons d'indiquer, si on veut employer l'Eau forte.

Cet effet, qui est assés singulier, arrive vraisemblablement parceque dans
le cas où l'Or est en plus grande quantité, ou même en quantité égale avec
l'Argent, ses parties qui sont intimement unies avec celles de ce métal,
sont apparemment capables de les enduire & de les couvrir assés pour les
défendre de l'action de l'Eau forte ;
ce qui n'a pas lieu quand il y a trois
fois plus d'Argent que d'Or.

Il y a encore une chose à observer
touchant l'opération du départ ; c'est
qu'il arrive rarement que l'Eau forte
soit bien pure pour deux raisons, la
première c'est qu'il est difficile lorsqu'on la fait, d'empêcher qu'il ne
s'élève un peu de l'intermède
qu'on emploie pour dégager l'acide
nitreux, c'est-à-dire, de l'acide vitriolique qui se mêle avec les vapeurs
de l'Eau forte : & la seconde, c'est
qu'à moins que le salpêtre ne soit

LES ME-
TAUX.

L'ARGENT.

purifié parfaitement, il contient toujours un peu de sel marin dont l'a-
cide, comme on sçait, est facilement dégagé par l'acide vitriolique,
& par conséquent s'éléve aussi avec
les vapeurs de l'Eau forte. Il est facile de voir que l'Eau forte altérée
de l'une ou de l'autre manière n'est
pas propre à faire le départ, parceque
comme nous venons de le dire, l'a-
cide vitriolique, aussi-bien que celui
du sel marin, précipitent l'Argent diffou dans l'acide nitreux ; ce qui est
cause que lorsqu'ils sont joints avec
cet acide, ils troublent la dissolution,
& émoussent l'action qu'il a sur ce
métal. Ajoutez à cela, que lorsque
l'Eau forte est altérée par le mélange
de l'esprit de sel, elle devient régali-
ne, & par conséquent d'autant plus
capable de dissoudre l'Or, que son action sur l'Argent est diminuée par ce
mélange.

EAU FOR-
TE PRE'CI-
PITE'E.

Le moyen de remédier à cet inconvénient, c'est-à-dire, de rendre l'Eau
forte parfaitement pure, est fondé sur
ce que nous venons de dire de la propriété qu'ont l'acide vitriolique & celui

lui du sel marin, de s'unir avec l'Argent dissous dans l'acide nitreux. Il
n'y a qu'à avoir une dissolution d'Argent faite par de l'Eau forte bien pure,
& en verser goutte à goutte dans
celle qui ne l'est pas ; aussitôt l'acide
vitriolique ou celui de sel marin qui
altèrent cette Eau forte se joindront
avec l'Argent, & se précipiteront au
fond. Quand la dissolution d'Argent
ne trouble plus aucunement la transparence de l'Eau forte, on peut être
assuré qu'elle est pour lors très-pure
& propre à faire le départ. Lorsqu'on
purifie ainsi l'Eau forte par la dissolution d'Argent, cela s'appelle précipiter l'Eau forte, & on nomme Eau forte
précipitée, celle qui a été ainsi purifiée.

Lorsque l'Argent est dissous dans
l'Eau forte, on peut l'en séparer, comme
nous avons vu, par les terres absorbantes & les alkalis fixes. Nous allons
voir bientôt qu'il y a encore d'autres
moyens ; mais de quelque manière
qu'on le désunisse d'avec son dissolvant, il peut, de même que l'Or, reprendre sa forme métallique par la
simple fusion, sans aucune addition.

Il eſt à obſerver que lorſque l'Argent eſt en fuſion, le contact immédiat de la vapeur des charbons ardens lui enléve preſque toute ſa malléabilité comme à l'Or; mais on rend facilement cette propriété à ces deux métaux, en les faiſant fondre avec du nitre.

Le Cuivre eſt celui de tous les métaux imparfaits qui approche le plus de l'Or & de l'Argent. Il réſiſte à un dégré de feu aſſés violent & aſſés long-tems continué; mais enfin il perd ſon phlogiſtique & ſa forme métallique, pour prendre celle d'une chaux ou d'une pure terre rougeâtre. Il eſt preſque impoſſible de réduire en verre cette chaux de Cuivre, ſans y rien ajouter qui facilite ſa fuſion; tout ce que la plus violente chaleur peut faire eſt de l'amollir. Le Cuivre, même lorſqu'il a ſa forme métallique, & qu'il eſt bien pur, demande un dégré de feu très-conſidérable pour le fondre, & ne devient fluide que très-long-tems après avoir rougi. Lorſqu'il eſt en fuſion, il communique à la flamme des charbons des couleurs vertes.

Ce métal céde à l'Argent en pésanteur, & même en ductilité, quoiqu'il
en ait une affés grande ; mais en ré-
compenfe il a plus de dureté. Il fe
joint facilement avec l'Or & l'Argent
fans diminuer beaucoup leur beauté ;
lorfqu'il n'eft qu'en petite quantité :
il leur procure même quelques avan-
tages ; fçavoir d'être plus durs &
moins fufceptibles de perdre la ductilité dont ces métaux font fujets à
être privés, fouvent par le mélange
de la moindre partie hétérogêne : ce
qui vient apparemment de ce que la
fienne au contraire réfifte à la plupart
des caufes qui l'enlévent aux métaux
parfaits.

La propriété qu'a le Cuivre, ainfi
que les autres fubftances métalliques,
de perdre le phlogiftique par la calcination & de fe vitrifier, fournit un
moyen de le féparer de l'Or & de
l'Argent lorfqu'ils font combinés enfemble. Il n'y a qu'à expofer la maffe
compofée de métaux parfaits & d'autres fubftances métalliques, à un dégré de feu affés violent pour vitrifier
tout ce qui n'eft pas Or ou Argent, il

est évident qu'on aura par cette méthode ces deux métaux auſſi purs qu'il
est poſſible ; car nous avons déja dit,
qu'aucune chaux ou verre métallique
ne peut s'unir avec des métaux qui
ont leur phlogiſtique : c'est ſur ce
principe qu'est fondé tout le travail
de l'affinage de l'Or & de l'Argent.

Lorſque les métaux parfaits ne ſont
alliés qu'avec du Cuivre ſeul ; comme ce métal est extrêmement difficile
à vitrifier, & qu'il le devient encore
davantage par l'union qu'il a contractée avec les métaux invitrifiables, il
est aiſé de ſentir qu'il est preſqu'impoſſible de les ſéparer, ſans ajouter
quelque choſe qui facilite la vitrification du Cuivre. Les métaux qui
ont la propriété de ſe vitrifier facilement ſont très-propres à cela, c'est
pourquoi il est néceſſaire d'en ajouter une certaine quantité, quand on
veut purifier l'Or & l'Argent de l'alliage du Cuivre. Nous aurons occaſion de nous étendre davantage là-
deſſus, lorſque nous traiterons du
Plomb.

Le Cuivre est diſſoluble dans tous

les acides, & leur communique une
couleur verte, & souvent bleue. Les
sels neutres mêmes, & l'eau ont de
l'action sur lui. Il est vrai qu'à l'é-
gard de l'eau, comme il est presque
impossible de l'avoir absolument pure
& exempte de tout mélange salin, il
reste douteux de sçavoir si ce n'est pas
plutôt à raison de quelques parties salines qu'elle contient qu'elle agit sur
ce métal. C'est cette grande facilité à
être dissous qui rend le Cuivre susceptible de la rouille, qui n'est autre
chose que les parties de la superficie
qui sont rongées par quelques particules salines contenues dans l'air &
dans l'eau qui la touchent.

La rouille du Cuivre est toujours
verte ou bleue, ou d'une couleur
moyenne. Prise intérieurement, elle
est extrêmement nuisible, & est un
vrai poison, aussi-bien que toutes les
dissolutions de ce métal faites par un
acide quelconque. La couleur bleue,
que le Cuivre ne manque pas de prendre aussitôt qu'il est rongé par quelque substance saline, est une marque
sure pour le reconnoître par-tout où

LES ME-
TAUX.

LE CUI-
VRE.

LE VI-
TRIOL
BLEU.

il eſt, en quelque petite quantité qu'il
y ſoit.

Le Cuivre diſſous dans l'acide vi-
triclique, forme une eſpéce de ſel métallique qui ſe coagule en cryſtaux de
figure romboïdale, & d'une couleur
bleue extrêmement belle : on nomme
ces cryſtaux Vitriol bleu, ou Vitriol
de Cuivre. On en trouve de tout formé dans les entrailles de la terre. On
en peut faire d'artificiel, en diſſol-
vant du Cuivre dans l'acide vitriolique ; mais il faut pour que la diſſolution ſe faſſe, que cet acide contienne
peu de phlegme. La ſaveur de ce Vitriol eſt ſalée, ſtiptique & aſtringen-
te. Ce Vitriol bleu retient une aſſés
grande quantité d'eau dans ſa cryſtaliſation ; ce qui eſt cauſe qu'il devient aiſément fluide par l'action du
feu.

Il faut remarquer que quand on
l'expoſe à un certain dégré de chaleur
pour lui faire perdre ſon humidité,
on lui enléve en même-tems une bonne partie de ſon acide ; de-là vient
qu'après qu'il a ſouffert la calcination,
il ne reſte plus qu'une eſpéce de terre

ou chaux métallique de couleur rouge, qui ne contient que très-peu d'a-
cide : cette terre est très-difficile à mettre en fusion.

Le Cuivre dissous dans l'acide nitreux ne forme point un sel qui puisse
se crystaliser. Cette combinaison attire fortement l'humidité de l'air lorsqu'elle est desséchée. Il en est de-même lorsqu'il est dissous par l'esprit de
sel & l'Eau régale.

Si on précipite par une terre ou un
alkali, le Cuivre qui a été ainsi dissous par ces différens acides, il conserve à peu près la couleur qu'il avoit
dans la dissolution ; mais il se trouve
que ces Précipités ne sont presque plus
que la terre du Cuivre, ou du Cuivre
privé d'une grande partie de son phlogistique, en sorte que si on les poussoit
à un feu violent sans addition, ils se ré-
duiroient en verre, & ne reprendroient
pas la forme métallique. Il est donc nécessaire, quand on veut les réduire en
Cuivre, d'y ajouter une certaine quantité de matière qui contient du phlogistique, & qui peut par conséquent
leur rendre celui qu'ils ont perdu.

LES ME-
TAUX.

LE CUI-
VRE.

FLUX RE-
DUCTIFS.

La matière qui s'est trouvé la plus
propre à faire ces sortes de réductions,
est le charbon pulvérisé, parceque le
charbon n'est que le phlogistique
étroitement lié avec une terre qui le
rend très-fixe, & capable de résister
à une violente action du feu. Il est
bon même de remarquer que toutes
les matières qui contiennent du phlogistique, & qui peuvent faire par
conséquent les réductions, ne deviennent capables de produire cet effet,
que lorsqu'elles sont elles-mêmes réduites en l'état de charbon, & qu'ainsi
il n'y a à proprement parler que cette
substance qui puisse faire les réductions. Mais comme le charbon ne
peut entrer en fusion, & par conséquent est plutôt capable d'empêcher
que de faciliter celle des chaux ou
verres métalliques, qui est pourtant
une condition essentielle pour que la
réduction puisse se faire, on a imaginé de mêler le charbon, ou toute
autre matière contenant du phlogistique, avec des alkalis fixes qui
entrent facilement en fusion, & sont
propres à faciliter celle des autres

corps : on a nommé ces mélanges ,
Flux réductifs , parcequ'on nomme
flux en général , tous les sels ou mélanges de sels qui sont propres à faciliter la fusion.

Lorsque le Cuivre est bien rouge ,
si on lui présente du soufre , aussitôt
il entre en fusion , & ces deux substances s'unissent ensemble pour former un nouveau composé qui est beaucoup plus fusible que le Cuivre pur.
Ce composé se détruit par la seule
action du feu, pour deux raisons : la
première , est que comme le soufre
est volatil , le feu peut en sublimer
une bonne partie, sur-tout lorsqu'il
est joint avec le Cuivre en grande
proportion ; & la seconde , est que
la portion de soufre qui reste plus
intimement unie avec le Cuivre ,
quoique devenu moins combustible
par cette union , ne laisse pas de se
bruler & de se consumer après un
certain tems. Le Cuivre qui a été
combiné avec le soufre, & qui a souffert avec lui l'action du feu , se trouve en partie changé en vitriol bleu.
La raison en est évidente ; c'est que

dans la combuſtion du ſoufre, l'acide vitriolique qui s'eſt trouvé libre a été en état de diſſoudre le Cuivre.

Le Cuivre a plus d'affinité avec le ſoufre que n'en a l'Argent. Ce métal, ainſi que les autres métaux imparfaits & les demi-métaux, mêlé avec le nitre & expoſé au feu, ſe décompoſe & ſe calcine bien plus vîte que s'il étoit ſeul, parceque le phlogiſtique qu'il contient, auſſitôt qu'il eſt dans le mouvement igné, procure la détonnation du nitre; & par conſéquent ces deux ſubſtances ſe décompoſent l'une l'autre mutuellement. Il y a même des Subſtances métalliques dont le phlogiſtique eſt ſi abondant, & ſi peu lié avec leur terre, que lorſqu'on les traite ainſi avec le nitre, il s'excite auſſitôt une détonnation accompagnée de flamme, auſſi violente que ſi on avoit employé du ſoufre ou de la poudre de charbon, & qu'ainſi en un moment la ſubſtance métallique perd ſon phlogiſtique & ſe calcine. Le nitre, après ces détonnations, prend toujours un caractère alkalin.

Le Fer eſt moins peſant & moins
ductile que le cuivre; mais beaucoup
plus dur & plus difficile à mettre en
fuſion.

Il eſt la ſeule ſubſtance qui ait la
propriété d'être attirée par l'aimant,
qui ſert par conſéquent à le faire reconnoître par-tout où il eſt. Mais il
faut remarquer qu'il n'a cette propriété que quand il eſt ſous ſa forme
métallique, & qu'il la perd lorſqu'il
eſt réduit en terre ou en chaux ; de-
là vient qu'il y a très-peu de mines
de Fer qui ſoient attirables par l'aimant, parceque pour l'ordinaire elles ne ſont que des eſpéces de terres
qui ont beſoin de l'addition du
phlogiſtique pour prendre la forme
de véritable Fer.

Lorſque le Fer n'a ſouffert d'autre
préparation que la fuſion qu'il eſt néceſſaire de donner à ſa mine pour
l'en ſéparer, il n'a aucune ductilité,
& ſe caſſe en morceaux lorſqu'on le
frappe à coups de marteau ; ce qui
vient en partie de ce qu'il contient
une certaine quantité de terre non
métallique, qui eſt interpoſée entre

ses parties : on nomme ce Fer, Fer fondu, ou simplement Fonte. En exposant la Fonte à une seconde fusion, on
la rend plus pure, & on parvient à
la dépouiller de ses parties hétérogênes ; mais comme ses parties propres ne sont pas encore apparemment
assés rapprochées & assés unies les unes
aux autres, tant que le Fer n'a souffert
d'autre préparation que la fusion, il
n'a pas de malléabilité.

Le moyen de lui donner cette propriété, est de le faire simplement rougir, & de le frapper ensuite avec le
marteau pendant un certain tems en
tous sens, en sorte que ses parties
puissent s'unir, se lier & s'appliquer les unes aux autres comme il
convient, & les parties hétérogênes
qu'il contient en être séparées. Le Fer
rendu malléable par ce moyen autant
qu'il peut l'être, s'appelle Fer forgé.

Le Fer forgé est encore bien plus
difficile à mettre en fusion que la Fonte. Il faut pour y parvenir un feu de la
dernière violence.

Le Fer a la propriété de se charger
d'une plus grande quantité de phlo-

gistique qu'il ne lui en faut pour avoir simplement la forme métallique. On peut lui donner cette quantité surabondante de phlogistique par deux moyens : le premier , c'est en le faisant refondre avec des matières qui en contiennent ; & le second , c'est en le tenant simplement environné de ces mêmes matières , telles par exemple que différens charbons pulvérisés , & l'exposant pendant un certain tems à un dégré de feu suffisant pour le tenir seulement rouge. Cette seconde méthode , par laquelle on incorpore une substance dans une autre en se servant du feu , sans cependant mettre en fusion ni l'une ni l'autre , se nomme en général Cémentation.

Le Fer ainsi imprégné d'une nouvelle quantité de phlogistique , devient beaucoup plus dur que celui qui n'en contient que ce qui lui est absolument nécessaire pour avoir sa forme métallique. On le nomme Acier. On parvient aussi à augmenter considérablement la dureté de l'Acier par la trempe , qui consiste à le faire rougir , & à le plonger subitement dans

L'ACIER.

quelque liqueur froide. Plus l'Acier
eſt chaud & la liqueur dans laquelle
on le trempe froide, plus il devient
dur. C'eſt par ce moyen qu'on fait
des outils tels que les limes & les ci-
ſeaux, qui ſont capables de couper
& diviſer les corps les plus durs,
comme ſont les verres, les cailloux,
& le Fer même. La couleur de l'Acier
eſt plus brune que celle du Fer, &
les facettes qui paroiſſent dans ſa caſ-
ſure ſont plus petites que celles de
ce métal. Il eſt auſſi moins ductile &
plus caſſant, ſur-tout lorſqu'il eſt
trempé.

Comme on peut ajouter au Fer une
plus grande quantité de phlogiſtique
pour le faire devenir Acier, de-même on peut enlever à l'Acier ce phlogiſtique ſurabondant, & le réduire
à la condition de Fer : cela ſe fait en
le cémentant avec des terres maigres,
telles que les os calcinés & la craie.
Par cette même opération on détrem-
pe auſſi l'Acier : car pour lui faire perdre la dureté qu'il a acquiſe par la
trempe, il ſuffit de le faire rougir, &
de le laiſſer refroidir lentement. Au

reſte, à l'exception des différences que nous venons de faire remarquer, le Fer & l'Acier ont les propriétés ſemblables ; ainſi ce que nous allons dire doit s'entendre auſſi-bien de l'un que de l'autre.

Le Fer expoſé à l'action du feu pendant un certain tems, ſur-tout lorſqu'il eſt diviſé en petites parties, comme lorſqu'il eſt réduit en limaille, ſe calcine & perd ſon phlogiſtique. Il ſe réduit en une eſpéce de terre d'un jaune rougeâtre qu'on a nommée à cauſe de cela Saffran de Mars.

Cette chaux de Fer a cela de ſingulier, qu'elle entre en fuſion un peu moins difficilement que le Fer même ; au-lieu que toutes les autres chaux métalliques ſe fondent moins facilement que les métaux dont elles ſont tirées. Elle a encore la propriété ſingulière de ſe joindre avec le phlogiſtique, & de ſe réduire en Fer ſans entrer en fuſion : il ſuffit pour cela qu'elle ſoit ſimplement rouge.

Le Fer ſe joint avec l'Argent, & même avec l'Or, par le moyen de

LES MÉTAUX.

LE FER.

SAFFRAN DE MARS.

certaines manipulations. Nous verrons à l'article du Plomb, comment
on peut le féparer de ces métaux.

Il préfente avec les acides à peu
près les mêmes phénoménes que le
Cuivre : il n'y en a aucun qui n'ait
action fur lui. Certains fels neutres,
alkalis, & l'eau même font capables
de le diffoudre ; de-là vient qu'il eft
auffi très-fujet à la rouille. L'acide
vitriolique le diffout avec une grande
facilité ; mais avec des circonftances
différentes de celles qui accompagnent
la diffolution du Cuivre par ce même
acide : car 1°. au-lieu qu'il faut que
l'acide vitriolique foit concentré pour
diffoudre le Cuivre, il eft néceffaire
au contraire qu'il foit chargé d'eau
pour diffoudre le Fer, & il n'a fur
lui aucune action lorfqu'il eft bien
déphlegmé; 2°. les vapeurs qui s'élévent dans cette diffolution font inflammables ; en forte que fi on la fait
dans un vaiffeau dont l'ouverture foit
étroite, & qu'on préfente à cette ouverture la flamme d'une bougie, les
vapeurs qui rempliffent la bouteille
s'enflamment avec une telle rapidité,

qu'il se fait une explosion considérable.

Lorsque la dissolution est faite, elle est d'une belle couleur verte ; & de cette union du Fer avec l'acide vitriolique, il résulte un sel moyen métallique, qui a la propriété de se coaguler en crystaux de figure rhomboïdale qui ont aussi la couleur verte : on nomme ces crystaux Vitriol verd, ou Vitriol de Mars.

Le Vitriol verd a une saveur salée & astringente. Comme il retient une grande quantité d'eau dans sa crystalisation, il devient aisément fluide par l'action du feu : mais ce n'est qu'une fluidité aqueuse, & non pas une véritable fusion ; car aussitôt que l'humidité est évaporée, il reprend la forme solide. Il perd pour lors sa couleur verte & sa transparence, pour prendre une couleur blanche opaque. Si on continue à le calciner, son acide s'évapore & se dissipe aussi en vapeurs. A mesure qu'il le perd, il prend une couleur jaune, qui approche d'autant plus du rouge, que l'on continue long-tems la calcina-

LES MÉ-
TAUX.

LE FER.

tion, ou qu'on augmente le feu. Lorsqu'elle est poussée à son dernier point, ce qui reste est d'un rouge très-foncé. Cette substance n'est autre chose que le Fer même qui a perdu son phlogistique, & qui n'est plus qu'une terre, à peu près de la même nature que celle qui reste lorsqu'on a calciné le Fer même, & qui en a les propriétés.

L'OCRE.

Le Vitriol verd dissous dans l'eau, dépose de lui-même une substance jaunâtre & terreuse. Si on filtre cette dissolution pour l'avoir claire, elle continue à laisser précipiter la même substance ; & cela arrive toujours de même, jusqu'à ce que le Vitriol soit entièrement décomposé. Cette substance n'est autre chose que la terre même du Fer, qui prend pour lors le nom d'Ocre.

L'acide nitreux dissout le Fer avec une grande facilité. Cette dissolution est d'un jaune qui est d'autant plus roux ou brun, qu'elle est plus chargée de Fer. Le Fer ainsi dissous se précipite aussi de lui-même en espèce de chaux qui ne peut plus être dissoute de nouveau ; car il faut que le Fer ait son phlogistique pour pouvoir être attaqué par l'acide nitreux. Cette dissolution ne se crystalise point, & attire l'humidité de l'air, si on l'évapore jusqu'à siccité.

L'Esprit de sel dissout aussi le Fer, & cette dissolution est verte. Celle qui est faite par l'Eau régale est jaune.

Le Fer a une plus grande affinité avec l'acide nitreux & l'acide vitriolique, que n'en ont avec ces mêmes acides l'Argent & le Cuivre ; en sorte que si on présente du Fer à un de ces acides qui tient en dissolution l'un ou l'autre de ces métaux, il se fait une précipitation du métal dissous, parceque l'acide l'abandonne pour dissoudre le Fer avec lequel il a un plus grand rapport.

Il y a une remarque à faire à l'occasion du Cuivre ; c'est que lorsqu'il est dissous par l'acide vitriolique, si on le précipite par le Fer, ce Précipité a la forme & le brillant métallique, & n'a pas besoin qu'on lui rende du phlogistique pour être de vrai Cuivre ; ce qui n'arrive pas,

comme nous l'avons vu , lorfqu'on
fait la précipitation par les terres ou
les fels alkalis.

La couleur de ce Précipité métallique a trompé plufieurs perfonnes, qui
n'étant pas au fait de ces fortes de
phénoménes , & ne connoiffant pas
la nature du Vitriol bleu , voyant
que la fuperficie d'un morceau de Fer
qu'ils avoient trempé dans une diffolution de ce Vitriol avoit pris toute
la forme & l'extérieur du Cuivre , fe
font imaginé qu'ils avoient réellement changé le Fer en Cuivre par ce
moyen : au-lieu que ce n'étoit que les
parties mêmes du Cuivre contenu
dans le Vitriol , qui s'étoient appliquées à la fuperficie du Fer , à mefure
qu'elles avoient été précipitées par
ce métal.

Nous avons dit que le Fer eft diffoluble dans les alkalis fixes ; voici
un phénoméne affés fingulier qui le
prouve : c'eft que lorfque le Fer eft
diffous par un acide , fi à cette diffolution on ajoute tout d'un coup une
grande quantité d'un alkali , il ne fe
fait aucun Précipité , & la liqueur

reste claire & transparente ; ou si elle
paroît d'abord se troubler , cela ne
dure qu'un instant , & la liqueur reprend bientôt sa diaphanéité. La raison de cela , est qu'il se trouve dans
cette occasion une quantité d'alkali
plus que suffisante pour saouler tout
l'acide de la dissolution , & que cette
quantité surabondante trouvant le
Fer déja tout divisé par l'acide , le
dissout facilement à mesure qu'il est
précipité , & l'empêche de troubler
la liqueur. La preuve en est , que si
on ne se sert que d'une quantité d'alkali qui ne soit pas suffisante pour
saouler tout l'acide , ou qui ne soit
tout juste que ce qu'il en faut pour
cela , le Fer est précipité dans cette
occasion comme tous les autres métaux.

L'eau a aussi son action sur le Fer ,
de-là vient que le Fer exposé à l'humidité se rouille. Si on expose à la
rosée du Fer en limaille , toute cette
limaille devient rouille , & prend le
nom de Saffran de Mars préparé à la
rosée. Le Fer traité avec le nitre , le
fait détonner assés fortement , s'en-

SAFFRAN
DE MARS
PRÉPARÉ
A LA RO-
SÉE.

LES MÉ-
TAUX.

flamme, & se décompose avec rapidité.

LE FER.

Ce métal a avec le soufre une plus grande affinité qu'aucune autre substance métallique ; ce qui fait qu'on l'emploie avec succès pour précipiter & séparer du soufre toute substance métallique qui est combinée avec ce minéral.

Le soufre communique au Fer, lorsqu'il s'unit avec lui, une si grande fusibilité, que lorsque ce métal est simplement bien rouge & embrasé, si on le frotte avec un morceau de soufre, il entre aussitôt en fusion, aussi parfaite qu'un métal qui est exposé à l'action d'un grand verre ardent.

L'ÉTAIN.

L'Étain est le moins pésant de tous les métaux. Quoiqu'il céde facilement à l'impression des corps durs, il n'a pas une grande ductilité. Lorsqu'on le ploie en différens sens, il fait un petit bruit ou espéce de clicquetis. Il entre en fusion à un dégré de chaleur très-modéré, & long-tems avant de rougir. Lorsqu'il est en fonte, sa surface se ternit promptement,

LA CHAUX
D'ÉTAIN.

& il s'y forme une petite pellicule brune & poudreuse, qui n'est autre chose que l'Etain même qui a perdu son phlogistique, ou de la chaux d'Etain. Ce métal ainsi calciné, reprend très-facilement sa forme métallique par l'addition du phlogistique. Si on pousse au feu la chaux d'Etain, elle devient blanche, mais elle résiste à la plus grande chaleur sans entrer en fusion ; ce qui la fait regarder par quelques Chymistes, plutôt comme une terre calcinable ou absorbante, que comme une terre vitrifiable. Elle se vitrifie cependant en quelque sorte lorsqu'on la mêle avec quelque substance aisée à vitrifier. Mais elle ne fait jamais qu'un verre imparfait, qui n'a pas la transparence, & qui est d'une blancheur opaque. On nomme cette vitrification de la chaux d'Etain, Email. On peut faire des Emaux de différentes couleurs, en y ajoutant différentes sortes de chaux métalliques.

L'Etain se joint facilement à tous les métaux ; mais il n'y en a aucun auquel il n'enléve la ductilité & la malléabilité, si ce n'est au plomb. Il posséde même à un dégré si éminent cette propriété de rendre les métaux fragiles & caßans, que sa seule vapeur, lorsqu'il est en fusion, est capable de produire cet effet sur eux. Et ce qu'il y a de singulier, c'est que les métaux les plus ductiles, tels que l'Or & l'Argent, sont ceux qu'il altère le plus facilement & le plus considérablement à cet égard.

LE FER-
BLANC.

Il s'attache & s'incorpore en quelque sorte à la superficie du Cuivre & du Fer; d'où est venu l'usage d'enduire d'Etain ces métaux. Le Fer-blanc n'est autre chose que des lames de Fer minces qui sont ainsi enduites d'Etain, ou étamées.

Si on mêle une partie de Cuivre sur vingt parties d'Etain, cet alliage le rend beaucoup plus solide, & la maße qui en résulte conserve encore aßés de ductilité.

BRONSE,
AIRAIN.

Si au contraire on ajoute une partie d'Etain sur dix parties de Cuivre, en y mêlant un peu de Zinc, qui est un demi-métal dont nous parlerons dans la suite, il résulte de cette combinaison un composé métallique, dur, caßant,

cassant & très-sonore, dont on se
sert pour faire des cloches : on nomme ce composé Bronse ou Airain.

L'Etain a de l'affinité avec l'acide vitriolique, l'acide nitreux & celui du
sel marin. Ces acides l'attaquent, &
le rongent. Ils ont cependant de la
peine à le dissoudre ; de manière que
si on veut que la dissolution soit claire, il faut pour cela employer des
moyens particuliers ; ils ne font en
quelque sorte que le calciner, & le
réduire en une espéce de chaux blanche ou de Précipité. Le dissolvant qui
a sur lui le plus d'action, est l'Eau régale. Il a même avec elle une plus
grande affinité que n'en a l'Or ; d'où
il suit que lorsque l'Or est dissous dans
l'Eau régale, on peut le précipiter en
y présentant de l'Etain ; mais il faut
pour cela que l'Eau régale soit affoi-
blie. Cet Or ainsi précipité par l'Etain
est d'une très-belle couleur de pour-
pre.

L'Etain, en général, a la propriété
de donner beaucoup d'éclat aux couleurs rouges ; ce qui fait qu'on s'en
sert dans la teinture, pour faire de

L

Les Me-
taux.

L'Etain.

belle écarlate. L'eau n'a pas sur ce métal la même action qu'elle a sur le Fer & sur le Cuivre ; ce qui est cause qu'il n'est pas susceptible de rouille comme eux ; cependant sa superficie ne laisse pas de perdre à l'air en assés peu de tems son poli & son brillant.

L'Etain mêlé avec le nitre, & exposé au feu, s'enflamme avec lui, le fait détonner, & se réduit promptement en une chaux réfractaire, (c'est ainsi qu'on appelle toutes les substances qui ne peuvent point entrer en fusion.)

L'Etain s'unit facilement avec le soufre, & se réduit avec lui en une masse friable & cassante.

Le Plomb.

Le Plomb est après l'Or & le Mercure la plus pésante de toutes les substances métalliques ; mais il n'y en a point qui ne le surpasse en dureté. Il est aussi celui de tous les métaux qui entre en fusion le plus facilement, si on en excepte l'Etain. Lorsqu'il est fondu, il se forme continuellement à sa superficie une pellicule noirâtre & poudreuse, comme à celle de l'E-

tain, qui n'eſt autre choſe que la LES ME-
chaux de Plómb.

Cette chaux calcinée à un feu modéré dont la flamme ſe réfléchiſſe deſſus, devient d'abord blanche. Si on
continue enſuite la calcination, elle
prend la couleur jaune, & enſuite un
beau rouge. Lorſqu'elle eſt dans cet
état, elle ſe nomme Minium, & on
l'emploie dans la peinture.

Pour réduire le Plomb en Litarge,
qui eſt une eſpéce de demi-vitrification de ce métal, il ne faut que le
tenir en fuſion à un dégré de feu aſſés fort; parcequ'alors à meſure que
ſa ſuperficie ſe calcine, elle tend à la
fuſion & à la vitrification.

Toutes ces préparations de Plomb
ſont très-diſpoſées à entrer en fuſion
parfaite, & à ſe vitrifier; elles ne demandent qu'un dégré de feu modéré,
la chaux, ou la terre du Plomb, étant
de toutes les terres métalliques celle
qui ſe vitrifie le plus facilement.

Le Plomb a non-ſeulement la propriété de ſe réduire en verre avec une
extrême facilité; mais il a auſſi celle
de faciliter beaucoup la vitrification

LES ME-
TAUX.

LE PLOMB.

LE MI-
NIUM.

LA LITAR-
GE.

LE VERRE
DE PLOMB.

de tous les autres métaux imparfaits;
& lorsqu'il est vitrifié, de procurer une
prompte fusion à toutes les terres &
pierres en général, même à celles qui
sont réfractaires, c'est-à-dire, qu'on
ne pourroit fondre sans son secours.

Outre la grande fusibilité, le Verre
de Plomb a encore la propriété singulière d'être si subtil & si actif, qu'il
ronge & pénétre les creusets dans lesquels on le fait fondre, à moins qu'ils
ne soient d'une terre extrêmement
dure & compacte. On peut diminuer
sa grande activité en le joignant à
d'autres matières vitrifiables. Mais à
moins qu'elles ne soient en très-grande
proportion, il ne laisse pas d'en conserver assés, nonobstant ce mélange,
pour pénétrer les terres ordinaires,
& entraîner avec lui les matières avec
lesquelles il est combiné.

C'est sur ces propriétés du Plomb
& du Verre de Plomb, qu'est fondé
tout le travail de l'affinage de l'Or &
de l'Argent. Nous avons vu que comme ces métaux sont indestructibles par
le feu, & qu'ils sont les seuls qui
ayent cet avantage, on peut les sé-

parer des métaux imparfaits lorſqu'ils
ſe trouvent mêlés avec eux, en les
expoſant à un dégré de feu aſſés violent pour vitrifier ces derniers ; parceque toute ſubſtance métallique,
comme nous l'avons dit auſſi, lorſqu'elle eſt vitrifiée, ne peut contracter d'union avec aucun métal qui a
ſa forme métallique. Mais il eſt très-
difficile de procurer cette vitrification
des métaux imparfaits qui ſont joints
avec l'Or & l'Argent, & même en quelque ſorte impoſſible de la procurer entièrement, pour deux raiſons : la première, parceque la plupart de ces métaux ſont par eux-mêmes très-diffi-
ciles à réduire en verre ; & la ſeconde,
parceque l'union qu'ils ont contractée
avec les métaux parfaits les dérobe
en quelque ſorte à l'action du feu,
& cela d'une manière d'autant plus
efficace que l'Or & l'Argent ſont en
plus grande proportion, parcequ'il
arrive que leurs parties ſont tellement
enveloppées par ces métaux indeſtruc-
tibles, qu'ils leur ſervent comme d'un
préſervatif & d'un deffenſif impéné-
trable à l'action du feu la plus violente.

De-là il suit qu'on s'épargnera beaucoup de peine, & qu'on parviendra
même à amener l'Or & l'Argent à un
degré de pureté bien plus parfait
qu'on n'avoit pu faire fans cela, fi on
ajoute à un mélange de ces métaux,
avec le Cuivre par exemple, ou tout
autre métal imparfait, une certaine
quantité de Plomb. Car d'abord le
Plomb, par la propriété que nous lui
connoiffons, ne manquera pas de faciliter beaucoup la vitrification qu'on
defire ; en fecond lieu, comme il
augmente la quantité des métaux imparfaits, & diminue dans le mélange
la proportion des métaux parfaits,
il eft évident qu'il enléve aux premiers une partie de leur préfervatif,
& en procure par-là une vitrification
plus complette. Enfin, comme le Verre
de Plomb a la propriété de paffer à
travers les creufets, & d'entraîner
avec lui les matières qu'il a vitrifiées,
il s'enfuit que lorfque la vitrification
des métaux imparfaits eft achevée par
fon moyen, toutes ces matières vitrifiées pénétrent le vaiffeau dans lequel la maffe métallique étoit en fu-

fion, difparoiffent, & laiffent l'Or & l'Argent feuls, purs & débarraffés autant qu'ils peuvent l'être du mélange de toutes parties hétérogènes.

Pour faciliter encore la féparation de ces mêmes parties, on emploie ordinairement dans cette féparation de petits creufets extrêmement porreux, faits avec la cendre des os calcinés, qui fe laiffent facilement pénétrer. On les nomme Coupelles, à caufe de leur figure, qui eft effectivement comme une coupe évafée. C'eft delà que cette opération a pris fon nom ; car lorfqu'on purifie l'Or & l'Argent par ce moyen, cela s'appelle coupeller ces métaux. On fent aifément que plus la quantité de Plomb qu'on ajoute eft grande, & plus le raffinage eft exact ; & qu'on doit ajouter d'autant plus de Plomb, que les métaux parfaits font alliés d'une plus grande quantité de métaux imparfaits. Cette épreuve eft la plus forte à laquelle on puiffe mettre l'Or & l'Argent, & on a droit de regarder comme tel, tout métal qui la foutient.

Pour déterminer le dégré de pu-

L iv

reté de l'Or, on le suppose divisé en 24. parties qu'on nomme Carats ; & l'Or qui est absolument pur & exempt de tout alliage se nomme Or au titre de 24. Carats : celui qui contient $\frac{1}{24}$. d'alliage, n'est que de l'Or à 23. Carats: celui qui contient $\frac{2}{24}$. d'alliage, n'est qu'à 22. Carats, & ainsi de suite. A l'égard de l'Argent, on le suppose divisé en douze parties, qu'on nomme Deniers. Ainsi, lorsqu'il est absolument pur, on l'appelle Argent au titre de 12. Deniers : lorsqu'il contient $\frac{1}{12}$. d'alliage, il n'est qu'à onze Deniers : lorsqu'il en contient $\frac{2}{12}$. il n'est qu'à dix, & ainsi de suite.

Nous avons dit, en parlant du Cuivre, que nous enseignerions à l'article du Plomb le moyen de le séparer du Fer ; c'est que ce procédé est fondé sur la propriété qu'a le Plomb de ne jamais se mêler & s'unir avec le Fer, quoiqu'il dissolve facilement toutes les autres substances métalliques. Si donc on a une masse composée de Cuivre & de Fer, il faut la faire fondre avec une certaine quantité de Plomb, & pour lors le Cuivre qui a une plus grande affinité avec le Plomb qu'il n'en a avec le Fer, quittera ce dernier pour s'unir avec l'autre, qui ne pouvant contracter aucune union avec le Fer, comme nous venons de le dire, l'exclura entièrement de ce nouveau mélange. Il s'agit ensuite de séparer le Plomb d'avec le Cuivre : cela se fait en exposant la masse combinée de ces deux métaux à un dégré de feu capable d'enlever au Plomb sa forme métallique ; mais trop foible pour produire le même effet sur le Cuivre : ce qui est possible, puisque le Plomb est après l'Étain celui de tous les métaux imparfaits qui se calcine le plus facilement, & qu'au contraire le Cuivre est celui qui soutient l'action du feu la plus forte & la plus longue, sans perdre sa forme métallique. Ce que l'on gagne à cette échange, c'est-à-dire, à séparer le Cuivre d'avec le Fer pour l'unir au Plomb, c'est que le Plomb lui-même exigeant moins de feu pour sa calcination que le Fer, le Cuivre est moins exposé à se détruire. Car il faut observer qu'il est

difficile, quelque modéré que soit le
feu, qu'il n'y en ait point une certaine quantité qui se calcine dans ce
procédé.

Le Plomb fondu avec un tiers d'E-
tain, forme un composé qui exposé à
un dégré de feu capable de le faire
bien rougir, se gonfle, se tuméfie,
paroît en quelque sorte s'enflammer,
& se calcine aussitôt. Ces deux métaux mêlés ensemble se calcinent beaucoup plus promptement que lorsqu'ils
sont seuls.

Le Plomb n'est point inaltérable,
non plus que l'Etain, à l'eau & à l'air
humide ; mais ils sont beaucoup moins
dissolubles par ces menstrues que le
Fer & le Cuivre. De-là vient qu'ils
sont aussi beaucoup moins sujets à
la rouille qu'eux. L'acide vitriolique
attaque & dissout le Plomb, à peu près
de la même manière que l'Argent.

A l'égard de l'acide nitreux, il
dissout ce métal assés facilement, &
en grande quantité. Si on ajoute de
l'esprit de sel, ou même simplement
du sel marin, à la dissolution de Plomb
dans l'acide nitreux, il se fait aussitôt

un Précipité blanc , qui n'eſt autre
choſe que le Plomb uni à l'acide du
ſel marin. Ce Précipité a beaucoup
de reſſemblance au Précipité d'argent
fait de la même manière , que nous
avons nommé Lune cornée ; ce qui
lui a fait donner auſſi le nom de Plomb
corné. Il eſt , comme la Lune cornée ,
très-fuſible , & ſe réduit comme elle
en une eſpéce de corne : il eſt volatil ,
& peut ſe réduire par les matières inflammables combinées avec les alkalis.

Cette précipitation du Plomb diſſous dans l'eſprit de nitre , qui ſe fait
par l'eſprit de ſel , prouve que ce métal a une plus grande analogie avec
ce dernier acide qu'avec l'autre. Cependant , ſi on eſſaie de diſſoudre immédiatement le Plomb par l'acide du
ſel marin , la diſſolution ſe fait moins
facilement que par l'eſprit de nitre , &
elle eſt toujours imparfaite ; car il lui
manque une des conditions eſſentielles aux diſſolutions qui ſe font dans les
liqueurs , je veux dire la tranſparence.

Le Plomb tenu long-tems en ébullition dans une leſſive d'alkali fixe ,
ſe diſſout en partie.

Le soufre le rend réfractaire & difficile à fondre ; & lorsqu'ils sont unis ensemble , il en résulte une masse friable. On voit par-là que le soufre agit sur le Plomb à peu près de la même manière que sur l'Etain ; c'est-à-dire , qu'il rend moins fusibles ces deux métaux , qui sont les plus fusibles de tous , tandis qu'il facilite extrêmement la fusion du Cuivre & du Fer , qui sont ceux qui se fondent le plus difficilement.

CHAPITRE VIII.

Du Vif-Argent.

Nous traitons du Vif-Argent dans un chapitre séparé , parceque cette substance métallique ne peut être rangée dans la même classe que les métaux proprement dits , & qu'elle a aussi des propriétés qui ne permettent point qu'on la confonde avec les demi-métaux. Ce qui empêche que le Vif-Argent ou Mercure (car les Chymistes le désignent le plus

souvent fous ce dernier nom) ne foit
réputé métal, c'eft qu'il lui manque
une des propriétés effentielles aux
métaux, je veux dire la malléabilité.
Lorfqu'il eft pur & exempt de tout
mélange, il eft toujours fluide, &
par conféquent non malléable. Mais
comme d'un autre côté il poffède éminemment l'opacité, le brillant, & fur-
tout la péfanteur métallique, car après
l'Or il eft le plus péfant de tous les
corps, on peut le regarder comme un
vrai métal qui ne diffère des autres,
qu'en ce qu'il eft toujours en fufion,
en fuppofant qu'il eft fufible à un dégré de chaleur fi petit, que quelque
peu qu'il y en ait fur la terre, elle eft
toujours plus que fuffifante pour le
tenir en fufion, & qu'il deviendroit
folide & malléable, s'il étoit poffible
de l'expofer à un dégré de froid affés
confidérable pour cela. Ce font ces
propriétés qu'il poffède, qui empê-
chent qu'on ne le confonde avec les
demi-métaux. Ajoutez à cela, que
jufqu'à préfent on n'a aucune expérience certaine qui prouve qu'on puiffe le priver entièrement de fon phlo-

LE VIF-
ARGENT.

giftique, comme on en prive les métaux imparfaits. Il eft vrai qu'on ne peut point l'expofer à l'action du feu comme on le veut ; car il eft fi volatil, qu'il fe diffipe & s'exhale en vapeurs à un dégré de feu beaucoup moindre qu'il n'en faudroit pour le faire rougir. Les vapeurs du Mercure qui s'eft ainfi exhalé par l'action du feu, recueillies & raffemblées en certaine quantité, fe trouvent être de véritable Mercure qui a confervé toutes fes propriétés, & dans lequel aucune expérience n'a pu faire appercevoir la moindre altération.

MERCURE
PRECIPI-
TE' *per fe.*

Si on expofe le Mercure à une chaleur douce & incapable de le fublimer, ce qui s'appelle tenir en digeftion, & cela pendant plufieurs mois, & même pendant un an, alors il fe change en une poudre rouge, que les Chymiftes ont nommée Mercure précipité *per fe.* Les Alchymiftes fe font imaginé que par cette opération ils avoient fixé le Mercure, & l'avoient fait changer de nature, mais mal-à-propos : car fi on expofe à un dégré de feu un peu plus fort ce Mercure ainſi changé en apparence, il ſe ſublime & s'exhale en vapeurs tout comme à l'ordinaire ; & ces vapeurs raſſemblées ne ſont autre choſe que du Mercure coulant, qui a repris toutes ſes propriétés ſans aucune addition.

Le Mercure a la propriété de diſſoudre & de s'unir à tous les métaux. Il n'y a que le Fer ſeul qui ſoit à excepter. Ces combinaiſons de métaux avec le Mercure ſe nomment Amalgames. La trituration ſeule ſuffit pour faire ces unions ; il n'eſt pourtant pas inutile d'y employer auſſi un dégré de chaleur convenable. Nous parlerons de cela plus amplement dans les opérations.

Le Mercure amalgamé avec les métaux, leur donne une conſiſtence molle, & même fluide, ſuivant la proportion de Mercure qu'on emploie pour cela. Les Amalgames s'amolliſſent à la chaleur, & ſe durciſſent au froid.

Comme le Mercure eſt très-volatil, & que les métaux les moins fixes ſont cependant infiniment plus fixes que

LE VIF-
ARGENT.
lui, il s'enfuit que le meilleur & le plus fûr moyen de le féparer d'avec les métaux qu'il tient en diffolution, eft d'expofer l'Amalgame à un dégré de chaleur fuffifant pour fublimer & faire évaporer tout le Vif-Argent : pour lors le métal refte fous la forme d'une poudre, qui étant fondue reprend fa malléabilité. Si on ne veut point perdre le Mercure dans cette occafion, on peut faire l'opération dans des vaiffeaux fermés qui retiennent & raffemblent les vapeurs mercurielles. Ces opérations fe pratiquent le plus fouvent pour féparer l'Or & l'Argent d'avec les différentes efpéces de terres & de fables dans lefquels ils font mêlés dans les mines, parceque ces métaux, fur-tout l'Or, ont une valeur affés grande pour récompenfer des pertes du Mercure qui font inévitables, & que d'ailleurs comme ce font eux qui s'amalgament le plus aifément avec lui, cette voie de les féparer de toute matière non métallique eft très-facile & très-commode.

Le Mercure fe diffout dans les acides ; mais avec des particularités propres

propres à chaque espéce d'acide.

L'acide vitriolique concentré s'empare de lui, & le réduit d'abord en une espéce de poudre blanche, qui jaunit lorsqu'on y ajoute de l'eau, & se nomme Turbith minéral. Il y a pourtant une partie du Mercure avec laquelle l'acide vitriolique s'unit dans cette occasion, de façon que le nouveau composé qui en résulte est dissoluble dans l'eau. Car si on ajoute un alkali fixe à l'eau dont on s'est servi pour laver le Turbith, il se fait aussitôt un Précipité de couleur rousse, qui n'est autre chose que du Mercure.

Cette dissolution du Mercure par l'acide vitriolique est accompagnée d'un phénoméne très-remarquable ; c'est que cet acide contracte une odeur bien marquée d'esprit sulphureux volatil ; preuve sensible qu'une portion du phlogistique du Mercure s'est unie avec lui : & cependant si on dégage le Mercure par un alkali fixe, il ne paroît avoir souffert aucune altération.

L'acide nitreux dissout le Mercure

LE VIF-
ARGENT.

PRE'CIPI-
TE' ROUGE.

avec facilité ; & la diffolution eft limpide & tranfparente. Si on la fait évaporer jufqu'à ficcité, le Mercure refte
impregné d'acide, fous la forme d'u-
ne poudre rouge qu'on a nommée
Précipité rouge, & Arcane corallin.

PRE'CIPI-
TE' VERD.

Si on mêle cette diffolution de
Mercure avec celle de Cuivre faite
auffi par l'acide nitreux ; & qu'on faffe
évaporer de-même enfemble ces deux
diffolutions, il refte une poudre verte
qui a été nommée Précipité verd.
Ces Précipités font cauftiques & ron-
geans ; on s'en fert en Chirurgie.

Quoique le Mercure fe diffolve plus
parfaitement & plus facilement par
l'acide nitreux que par celui du vitriol, il a cependant une plus grande
affinité avec ce dernier qu'avec l'autre ; car fi on ajoute de l'acide vitriolique dans une diffolution de Mercure par l'efprit de nitre, le Mercure
quitte cet acide qui le tenoit en diffolution, pour s'unir avec celui qu'on
ajoute. La même chofe arrive, fi au-
lieu d'acide vitriolique on ajoute celui du fel marin.

La combinaifon du Mercure avec

l'efprit de fel, forme un corps fingulier, qui eft un fel métallique qui fe
cryftalife en figures longues & poin-
tues comme des poignards. Ce fel
eft volatil, & fe fublime aifément
fans fe décompofer. Il eft d'ailleurs
le plus violent de tous les corrofifs
que la Chymie ait fait connoître jufqu'à préfent. On lui a donné le nom
de Sublimé corrofif, parcequ'effectivement il faut toujours le faire fublimer pour que la combinaifon foit parfaite. Il y a plufieurs manières de le
faire. On y réuffit toujours, pourvu
que le Mercure divifé & réduit en vapeurs rencontre celles de l'acide du
fel marin.

LE VIF-
ARGENT.

SUBLIMÉ
CORROSIF.

Le Sublimé corrofif ne fe diffout dans
l'eau qu'en petite quantité. Il fe décompofe par les alkalis fixes qui précipitent le Mercure en jaune rougeâtre, qui a été nommé à caufe de cela
Précipité jaune.

PRÉCIPI-
TÉ JAUNE.

Si on mêle du Sublimé corrofif avec
de l'Etain, & qu'on les diftille enfemble, il en fort une liqueur qui envoie
continuellement une fumée épaiffe &
abondante, & qui a été nommée Li-

LA LI-
QUEUR FU-
MANTE DE
LIBAVIUS.

Le Vif-queur fumante de Libavius, du nom
Argent. de son inventeur. Cette liqueur n'est
autre chose que l'Etain même qui s'est
combiné avec l'acide du sel marin du
Sublimé corrosif, & l'a par conséquent décomposé : d'où il suit que cet
acide a une plus grande affinité avec
l'Etain qu'avec le Mercure.

Mercure　L'acide du sel marin n'est pas en-
doux. tièrement saoulé de Mercure dans le
Sublimé corrosif : car il est capable
de s'en charger d'une beaucoup plus
grande quantité. Il n'y a qu'à le mêler exactement avec de nouveau Mercure, & le sublimer une seconde
fois ; on a par ce procédé un autre
composé contenant beaucoup plus de
Mercure, & qui n'a pas la même acrimonie : il se nomme par cette raison,
Mercure sublimé doux, Mercure
doux, *Aquila alba.* Cette combinaison peut être prise intérieurement,
& est purgative ou émétique, suivant
la dose.

Panacée　On peut encore l'adoucir davan-
Mercu-tage par des sublimations réitérées,
rielle. & pour lors elle prend le nom de Panacée mercurielle. On n'a pu jusqu'à

présent diſſoudre le Mercure par l'Eau régale, que difficilement & imparfaitement. LE VIF-ARGENT.

Le Mercure s'unit facilement & intimement avec le ſoufre. Il ſuffit de triturer enſemble ces deux ſubſtances à une douce chaleur ; ou même à froid, pour leur faire contracter une union, ou plutôt un commencement d'union. Ce mélange prend la forme d'une poudre noire : ce qui l'a fait nommer Ætiops minéral. ÆTIOPS MINÉRAL.

Si on veut que l'union ſoit plus intime & plus parfaite, il faut expoſer ce compoſé à une chaleur un peu plus forte. Il ſe ſublime pour lors une matière rouge, péſante, qui paroît comme formée d'un amas d'aiguilles brillantes : c'eſt-là le compoſé qu'on deſire ; il a été nommé Cinnabre. C'eſt particulièrement ſous cette forme qu'on trouve le Mercure dans les entrailles de la terre. Ce cinnabre réduit en poudre très-fine, acquiert une couleur rouge infiniment plus éclatante : il eſt connu dans la peinture ſous le nom de vermillon. CINNABRE.

Quoique le Mercure s'uniſſe & ſe

LE VIF-ARGENT.

MERCURE RE'VIVI-BIE' DU CINNABRE.

combine très-bien avec le soufre, comme nous venons de le dire, l'affinité qu'il a avec lui est cependant moindre que celle de tous les métaux, si on en excepte l'Or : d'où il suit qu'ils peuvent tous servir à la décomposition du Cinnabre, en s'unissant avec le soufre, & débarrassant le Mercure qui reparoît sous sa forme ordinaire. Ce Mercure ainsi séparé du soufre, passe pour le plus pur : il porte le nom de Mercure révivifié du Cinnabre.

On emploie ordinairement le Fer pour faire cette opération, par préférence aux autres métaux, parcequ'il est celui de tous qui a le plus d'affinité avec le soufre, & le seul qui n'en ait aucune avec le Mercure.

On peut aussi décomposer le Cinnabre par les alkalis fixes ; car ils ont en général une plus grande affinité avec le soufre qu'aucune substance métallique.

CHAPITRE IX.

Des Demi-Métaux.

LE Régul d'Antimoine est une substance métallique d'une couleur blanche assés éclatante. Il a le brillant, l'opacité & la pésanteur des Métaux ; mais il n'est aucunement malléable, & se pulvérise plutôt que de prêter & de s'étendre sous le marteau, ce qui le fait ranger dans la classe des Demi-Métaux.

Il entre en fusion lorsqu'il est médiocrement rouge ; mais il ne résiste point, non plus que les autres Demi-Métaux, à la violence du feu, & se dissipe en fumée & vapeurs blanches qui s'attachent aux corps froids qu'elles rencontrent, & se ramassent en une espéce de farine qu'on nomme Fleurs d'Antimoine.

Si au-lieu d'exposer le Régul d'Antimoine au grand feu, on ne lui donne qu'un dégré de chaleur assés foible pour ne le pas même faire entrer en

Le Régul d'Antimoine.

Fleurs d'Antimoine.

Chaux d'Antimoine.

LE RE-
GUL
D'ANTI-
MOINE.

VERRE
D'ANTI-
MOINE.

fufion, il se calcine, perd son phlogistique, & prend la forme d'une
poudre grise, sans aucun brillant, qui
se nomme Chaux d'Antimoine.

Cette Chaux n'est pas volatile
comme le Régul, & est capable de
soutenir un feu très-violent. Si on
l'y expose, elle entre en fusion, &
se convertit en un verre qui a une couleur jaune d'hyacinte.

Il faut remarquer que plus on a calciné long-tems le Régul ; plus par
conséquent on lui a fait perdre de son
phlogistique, & plus la chaux qui en
résulte est réfractaire. Le Verre est
pour lors moins coloré, & approche
davantage du verre ordinaire.

La Chaux & le Verre d'Antimoine
peuvent reprendre leur forme métallique, comme toutes les autres chaux
& verres des métaux, si on en fait
la réduction, en leur rendant le phlogistique qu'ils ont perdu. Mais si on
a poussé la calcination trop loin, la
réduction est beaucoup plus difficile,
& on révivifie une bien moindre
quantité de Régul.

Le Régul d'Antimoine peut dissoudre

dre les métaux ; mais avec différens dégrés d'affinités dont voici l'ordre. Celui de tous avec lequel il a un plus grand rapport est le Fer, ensuite le Cuivre, puis l'Etain, le Plomb, & l'Argent. Il facilite la fusion des métaux, mais il les rend tous fragiles & caffans. Lorsqu'il est uni avec eux & qu'on pousse le mélange au feu, il a la propriété de les enlever avec lui, & de les faire diffiper entièrement en vapeurs ; de-là vient qu'il a été nommé le Loup dévorant des métaux. Il n'y a que l'Or qui puisse résister à son action ; d'où il suit qu'on peut purifier l'Or par son moyen.

Il ne peut point s'amalgamer avec le Mercure, & si l'on parvient par certains procédés, particulièrement en ajoutant de l'eau & triturant beaucoup, à faire contracter à ces deux subftances une espéce d'union, elle n'est qu'apparente & momentanée ; car lorsqu'elles font abandonnées à elles-mêmes & au repos, elles se séparent & se défuniffent bientôt. (a)

LES DE-MI-ME-TAUX.

LE RE'GUL D'ANTI-MOINE.

(a) M. Malouin, Docteur en Médecine de la Faculté de Paris, & Membre de l'Académie

N

Les De-mi-Me-taux.

Le Régul d'Anti-moine.

Le Régul d'Antimoine eſt diſſous par l'acide vitriolique, en employant le ſecours de la chaleur, & même de la diſtillation. L'acide nitreux atta-que auſſi ce demi-métal; mais de quel-que manière qu'on s'y prenne, on ne peut parvenir à rendre cette diſſolu-tion claire & limpide; cet acide ne fait en quelque ſorte que calciner le Régul.

Beurre d'Anti-moine.

L'acide du ſel marin le diſſout aſſés bien; mais il faut pour cela qu'il ſoit très-concentré, & employer des pro-cédés particuliers, & ſur-tout la diſ-tillation. Une des meilleures méthodes pour parvenir à bien combiner en-ſemble l'acide du ſel marin & le Ré-

des Sciences, eſt cependant parvenu à unir enſemble ces deux ſubſtances métalliques; mais c'eſt par l'intermède du ſoufre. C'eſt-à-dire, que c'eſt l'Antimoine même qu'il a com-biné avec le Mercure. Cette combinaiſon ſe fait comme l'Æthiops minéral, ou à froid par la ſimple trituration, ou par le moyen de la fuſion. Elle reſſemble à l'Æthiops ordinaire, & M. Malouin l'a nommée Æthiops antimonial. Il a remarqué que le Mercure uni à l'Anti-moine par la fuſion ſe combine avec lui bien plus intimement que par la ſeule trituration.

gul d'Antimoine, est de mêler ce dernier en poudre avec du Sublimé corrosif, & de distiller le tout. Il s'éleve dans la distillation une substance blanche, épaisse & peu coulante, qui n'est autre chose que le Régul d'Antimoine uni & combiné avec l'acide du sel marin. Ce composé est extrêmement corrosif, & se nomme Beurre d'Antimoine.

LES DEMI-METAUX.

LE RÉGUL D'ANTIMOINE.

Il est clair que dans ce cas le Sublimé corrosif se décompose; que le Mercure se révivifie, & que l'acide qui étoit combiné avec lui le quitte, pour s'unir avec le Régul d'Antimoine avec lequel il a une plus grande affinité. Le Beurre d'Antimoine acquiert par des distillations réitérées beaucoup de fluidité & de limpidité. Si on mêle de l'acide nitreux avec le Beurre d'Antimoine, & qu'on distille le tout, il en sort une liqueur acide ou espéce d'Eau régale qui tient encore du Régul en dissolution, & qui a été nommée Esprit de nitre bésoardique. Il reste après la dissolution une matière blanche, sur laquelle on fait passer de nouvel esprit de nitre qu'on

ESPRIT DE NITRE BESOARDIQUE.

BESOARD MINÉRAL.

LES DE-
MI - MÉ-
TAUX.

LE RÉGUL
D'ANTI-
MOINE.

MERCURE
DE VIE.

lave enfuite avec de l'eau, & qui a le nom de Béfoard minéral.

Si on mêle le Beurre d'Antimoine avec de l'eau, il devient auffitôt trouble & laiteux; & il fe forme un Précipité qui n'eft autre chofe que la partie métallique féparée de fon acide, qui eft devenu par l'addition de l'eau, trop foible pour la tenir en diffolution. Ce Précipité retient cependant une affés grande quantité d'acide, ce qui eft caufe qu'il eft encore un corrofif violent & un grand poifon : on l'a nommé, mais très-improprement, Mercure de vie.

Le véritable diffolvant du Régul d'Antimoine eft l'Eau régale. On parvient par fon moyen à faire de ce demi-métal une diffolution claire & limpide.

Le Régul d'Antimoine mêlé avec le nitre, & projetté dans un creufet rouge, l'enflamme & le fait détonner. Comme c'eft par le moyen de fon phlogiftique qu'il produit cet effet, il s'enfuit qu'il doit fe calciner en même-tems, & perdre fes propriétés métalliques; auffi cela arrive-t'il : &

si la dose du nitre a été triple de celle du Régul, la calcination de ce dernier est si parfaite, qu'il ne reste plus qu'une poudre blanche qui entre en fusion très-difficilement, & se convertit en un verre peu coloré qui approche beaucoup du verre ordinaire, & qu'on ne peut plus réduire en Régul par l'addition des matières inflammables, ou du moins dont on ne peut réduire qu'une très-petite quantité. Si on a employé moins de nitre, la chaux est moins blanche, & le verre qu'elle produit ressemble davantage à un verre métallique & se réduit plus aisément. Cette chaux de Régul ainsi préparée par le nitre, se nomme à cause des vertus médicinales qu'on lui attribue, Antimoine diaphorétique, ou Diaphorétique minéral.

Le nitre dans cette occasion, comme toutes les fois qu'on le fait détonner, s'alkalise, & cet alkali retient avec lui une portion de la chaux, qu'il rend même dissoluble dans l'eau. On peut séparer cette chaux de l'alkali, en la précipitant par le moyen

LES DE-MI-ME-TAUX.

LE RÉGUL D'ANTI-MOINE.

DIAPHO-RÉTIQUE MINÉRAL.

MATIÈRE PERLÉE.

d'un acide ; on lui donne le nom de Matière perlée.

Le Régul d'Antimoine se joint & se combine facilement avec le soufre, & forme avec lui un composé qui a le brillant métallique, mais très-obscur. Ce composé paroît un amas de longues aiguilles appliquées latéralement les unes aux autres. C'est sous cette forme qu'il se trouve ordinairement dans les mines, ou du moins lorsqu'on l'a séparé par une simple fusion d'avec les pierres & les terres avec lesquelles il est mêlé. On le nomme Antimoine.

L'Antimoine entre en fusion à un dégré de feu modéré, & devient même plus fluide que les autres substances métalliques. L'action du feu dissipe & consume le soufre qu'il contient, & même son phlogistique, en sorte qu'il peut se convertir en chaux & en verre, de-même que le Régul.

L'Eau régale qui est comme nous l'avons dit le dissolvant propre du Régul d'Antimoine, versée sur l'Antimoine, attaque & dissout la partie réguline, & ne touche aucunement

au foufre : elle décompofe par conféquent l'Antimoine, & fépare fon foufre d'avec le Régul.

Il y a encore plufieurs autres moyens
d'opérer cette décompofition, & d'a-
voir feule la partie réguline de l'Antimoine ; car quoique l'affinité du
Régul avec le foufre foit affés grande, elle eft cependant moindre que
celle qu'ont avec ce même foufre tous
les métaux, excepté l'Or & le Mercure.

Si donc on fait fondre avec l'Antimoine, le Fer, le Cuivre, le Plomb,
l'Argent ou l'Etain, celui de ces métaux qu'on aura employé pour cela,
fe joindra avec le foufre, & en fépa-
rera le Régul d'Antimoine.

RÉGUL
D'ANTI-
MOINE
FAIT PAR
LES MÉ-
TAUX.

Il faut remarquer que comme ces
métaux ont auffi de l'affinité avec le
Régul d'Antimoine, il arrive dans
cette opération qu'une partie du métal précipitant, (c'eft ainfi qu'on
nomme les fubftances qui fervent
d'intermède pour en féparer deux autres l'une de l'autre) fe joint avec le
Régul, ce qui eft caufe qu'il n'eft pas
abfolument pur. C'eft pour cette rai-

son qu'on a soin d'ajouter au Régul fait par cette méthode le nom du métal qui a servi à le précipiter ; d'où sont venus les noms de Régul d'Antimoine martial, ou simplement Régul martial, Régul de vénus, & ainsi des autres.

Si on mêle ensemble parties égales de nitre & d'Antimoine, & qu'on expose le mélange à l'action du feu, il se fait une grande détonnation ; le nitre s'enflamme, consume le soufre de l'Antimoine, & même une partie de son phlogistique. Il reste après la détonnation une matière grise qui contient du nitre fixé, & la portion réguline de l'Antimoine privée en partie de son phlogistique, & qui par l'action du feu considérablement augmentée lors de l'inflammation, s'est à demi-vitrifiée : on nomme ce résultat Saffran des métaux, ou Foie d'Antimoine.

Si au-lieu de parties égales de nitre, on en met deux parties sur une partie d'Antimoine, alors la partie réguline perd beaucoup plus de son phlogistique, & reste sous la forme d'une poudre jaunâtre.

Si enfin il y a trois parties de nitre contre une d'antimoine, alors le Régul est dépouillé entièrement de son phlogistique, & réduit en une chaux blanche qui porte le nom d'Antimoine diaphorétique ou de Diaphorétique minéral. On peut précipiter par le moyen d'un acide, en le versant sur les matières salines qui restent après cette détonnation, la matière perlée, de-même que nous avons vu que cela se fait avec le Régul.

Dans ces deux dernières opérations, où la proportion du nitre est double ou triple de celle de l'Antimoine, la partie réguline après la détonnation, se trouve réduite simplement en chaux, & non pas en matière demi-vitrifiée, comme nous avons vu que cela arrive si on ne met que parties égales de nitre & d'Antimoine. La raison de cette différence, est que dans ces deux cas la partie réguline étant privée entièrement ou presque entièrement de son phlogistique, devient, comme nous l'avons dit, plus difficile à mettre en fusion, & par conséquent ne peut commencer à se vitrifier au même dégré de chaleur que celle qui n'a pas tant perdu de son phlogistique. Si au-lieu de faire détonner ensemble simplement parties égales de nitre & d'Antimoine, on y ajoute aussi une partie de quelque substance qui contienne abondamment du phlogistique, il n'y a pour lors que le soufre de l'Antimoine qui se consume, & le Régul demeure uni à son phlogistique & séparé de son soufre.

Le Régul préparé par cette méthode est absolument pur, parcequ'on n'y emploie aucune substance métallique qui puisse se mêler avec lui & l'altérer : il porte le nom de Régul d'Antimoine simple, ou simplement celui de Régul d'Antimoine.

Il est vrai qu'il n'est pas possible d'empêcher que dans cette opération, il n'y ait une assés grande quantité de la partie réguline qui perde son phlogistique & qui se calcine, & que par conséquent on retire par cette voie une quantité de Régul bien moindre qu'en employant les intermédes métalliques ; mais il est facile de réparer cette perte ſi on le juge à propos, en rendant du phlogiſtique à ce qui a été calciné dans l'opération.

L'Antimoine fondu avec deux parties d'alkali fixe, ne donne point de Régul; mais il eſt entièrement diſſous par ce ſel, & forme avec lui une maſſe d'un jaune rougeâtre.

La raiſon pour laquelle il ne ſe fait aucun Précipité dans cette occaſion, c'eſt que l'alkali s'uniſſant au ſoufre de l'Antimoine, forme avec lui la combinaiſon que nous avons nommé foie de ſoufre, qui eſt capable de tenir elle-même en diſſolution la partie réguline. Cette maſſe formée de l'union de l'Antimoine & de l'alkali eſt diſſoluble dans l'eau. Si on mêle un acide quelconque avec cette diſſolution, il ſe fait un Précipité d'un jaune rouge, parceque cet acide s'unit avec l'alkali, & l'oblige à quitter les matières avec leſquelles il étoit uni : ce Précipité s'appelle Soufre doré d'Antimoine.

Comme dans l'opération par laquelle on fait le Régul ſimple d'Antimoine, une partie du nitre s'alkalise avec les matières inflammables qu'on y ajoute, cet alkali se saisit d'une portion de l'Antimoine, & forme avec lui un composé semblable à celui que nous venons de décrire. De-là vient que si on dissout dans l'eau les scories qui se forment dans ce procédé, & qu'on mêle un acide avec cette dissolution, on en sépare un véritable Soufre doré d'Antimoine.

On peut faire aussi cette union de l'alkali avec l'Antimoine, par la voie humide; c'est-à-dire, en employant un alkali resous en liqueur, & le faisant bouillir avec ce minéral. La liqueur alkaline, à mesure qu'elle attaque l'Antimoine, devient rougeâtre & trouble. Si lorsqu'elle en est bien chargée on la laisse refroidir en repos, elle dépose peu à peu ce qu'elle a dissou de l'Antimoine, qui se précipite sous la forme d'une poudre rouge, qui est un reméde trè-sfameux & connu sous le nom de Kermès minéral. Ce Précipité est comme on voit à peu près la même chose que le Soufre doré. Il en différe cependant à quelques égards, principalement par-

ceque pris intérieurement , il agit
d'une manière beaucoup plus douce
que le Soufre doré, qui eſt un violent
émétique. On ſe ſert toujours pour
faire le Kermès, du nitre fixé par les
charbons reſous en liqueur.

Nous avons vu plus haut que le
Régul d'Antimoine mêlé & diſtillé
avec le ſublimé corroſif , le décompoſe , dégage le Mercure, & s'unit lui-
même avec l'acide du ſel marin , pour
former avec lui une nouvelle combinaiſon que nous avons nommée Beurre
d'Antimoine. Si on fait la même opération avec l'Antimoine au-lieu de
Régul , la même choſe arrive : mais
pour lors l'Antimoine eſt auſſi décompoſé ; c'eſt-à-dire , que la partie réguline ſe ſépare du ſoufre , qui étant
devenu libre , s'unit au Mercure qui
l'eſt auſſi, & forme avec lui un véritable cinnabre qu'on a nommé Cinnabre d'Antimoine.

Le Biſmuth, connu auſſi ſous le nom
d'Etain de glace , eſt un demi-métal
qui a à peu près la même apparence
que le Régul d'Antimoine. Cependant
il a un œil moins blanc , & tirant un

LES DE-
MI-ME-
TAUX.

L'ANTI-
MOINE.

CINNA-
BRE D'AN-
TIMOINE.

LE BIS-
MUTH.

peu fur le rouge , ou même faifant
quelques iris , fur-tout lorfqu'il a été
long-tems expofé à l'air.

Lorfqu'on l'expofe au feu , il entre
en fufion long-tems avant d'être rouge , & par conféquent à une moindre
chaleur que le Régul d'Antimoine, qui
ne fe fond , comme nous l'avons dit ,
que lorfqu'il commence à rougir. Il
fe volatilife comme tous les autres
demi-métaux lorfqu'il fouffre un feu
violent : tenu en fufion à un dégré de
feu convenable , il perd fon phlogiftique & fa forme métallique , & fe
change en une poudre ou chaux , qui
elle-même fe convertit en verre par
l'action du feu. La chaux & le verre
de Bifmuth fe réduifent comme les
autres chaux métalliques , en leur
rendant du phlogiftique.

Le Bifmuth fe mêle par la fufion
avec tous les métaux , & même facilite la fufion de ceux qui ne fe fondent point aifément. Il les blanchit
lorfqu'il eft uni avec eux , & leur enléve la malléabilité.

Il peut s'amalgamer avec le Mercure , lorfqu'on les broie enfemble en

y ajoutant de l'eau ; mais après un certain tems, ces deux substances mé-ralliques se séparent, & le Bismuth reparoît sous la forme d'une poudre. On voit par-là que l'union qu'il contracte avec le Mercure n'est pas parfaite ; cependant il a la propriété singulière d'atténuer le Plomb & de le disposer de manière qu'il s'amalgame ensuite avec le Mercure beaucoup plus parfaitement, & de telle sorte qu'il peut passer par la peau de chamois sans se séparer. Le Bismuth qu'on a fait entrer dans cet amalgame s'en sépare ensuite de lui-même, à son ordinaire ; mais le Plomb reste toujours uni au Mercure, & conserve la même propriété.

L'acide vitriolique ne dissout point le Bismuth ; son vrai dissolvant est l'acide nitreux, qui le dissout avec violence, & en faisant élever une grande quantité de vapeurs.

Le Bismuth dissous dans l'acide nitreux est précipité non-seulement par les alkalis ; mais même par l'addition de l'eau seule. Ce Précipité est très-blanc, & est connu sous le nom de Magister de Bismuth.

LES DE-
MI-ME-
TAUX.

LE BIS-
MUTH.

MAGIS-
TER DE
BISMUTH.

L'acide du sel marin & l'Eau régale attaquent aussi le Bismuth, mais avec moins de violence.

Ce demi-métal ne détonne point sensiblement avec le nitre ; cependant il est promptement dépouillé de son phlogistique, & réduit en une chaux vitrifiable, lorsqu'on le traite avec ce sel. Il s'unit facilement avec le soufre par la fusion, & forme avec lui un composé qui paroît formé d'aiguilles appliquées les unes aux autres.

On peut le séparer du soufre auquel il est joint, en l'exposant simplement au feu, & sans aucune addition ; le soufre se consumant ou se sublimant, & laissant le Bismuth seul : en quoi il diffère du Régul d'Antimoine qui, comme nous l'avons vu, a besoin d'intermédes pour le séparer du soufre. Cela vient apparemment de ce que le Bismuth est moins volatile que le Régul d'Antimoine, & a une moindre affinité avec le soufre.

Le Zinc ne diffère pas beaucoup à la vue du Bismuth, il a même été

confondu

confondu avec lui par plusieurs Auteurs. Cependant, outre qu'il a un
petit œil bleuâtre & qu'il a plus de
dureté, il en diffère essentiellement
par ses propriétés, comme nous l'allons voir. Ces deux substances métalliques ne se ressemblent presque que
par les qualités communes à tous les
demi-métaux.

Le Zinc exposé au feu, s'y fond aussitôt qu'il commence à rougir ; & si on
augmente le feu considérablement, il
s'enflamme & brule comme une matière huileuse : preuve de la grande
quantité de phlogistique qui entre
dans sa composition. Il exhale en
même-tems une grande quantité de
fleurs qui s'élèvent en l'air sous la
forme de floccons blancs, & qui vol-
tigent comme des corps très-légers :
toute la substance du Zinc peut se réduire sous cette forme. On a donné
plusieurs noms à ces fleurs, comme
ceux de Pompholix, de Laine Philo-
sophique. On croit qu'elles ne sont
que le Zinc même dépouillé de son
phlogistique ; cependant personne n'a
pu jusqu'à présent les faire reparoître

FLEURS DE
ZINC, POM-
PHOLIX,
LAINE PHI-
LOSOPHI-
QUE.

Les De-
mi - Me-
taux.

Le Zinc.

fous la forme de Zinc en leur rendant le phlogiftique. Quoiqu'elles s'é-
lévent en l'air lors de la calcination
du Zinc avec une très-grande facilité,
fi on les expofe enfuite au feu, elles
font très-fixes, & même peuvent fe
vitrifier, fur-tout fi on les joint avec
quelqu'alkali fixe.

Léton,
Cuivre
jaune.

Le Zinc s'unit avec toutes les fubftances métalliques, excepté avec le
Bifmuth. Il a la propriété fingulière
de pouvoir s'allier avec le Cuivre,
même en affés grande quantité, comme à la dofe d'un quart, fans enlever à ce métal beaucoup de fa ductilité, & de lui communiquer en même-tems une très belle couleur appro-
chante de celle de l'Or : c'eft ce qui
eft caufe qu'on fait fouvent cet alliage, qui produit ce qu'on appelle
Cuivre jaune ou Léton.

Tombac,
Similor.

Il faut remarquer pourtant que le
Léton n'a de ductilité que lorfqu'il
eft froid, encore faut-il que le Zinc
qu'on emploie pour le faire foit très-
pur ; autrement il ne produit que des
Tombacs & Similors, qui n'ont point
la même malléabilité.

Le Zinc est très-volatil ; & emporte avec lui les substances métalliques avec lesquelles il est en fusion ; il en fait des espéces de sublimés. Dans les fourneaux où l'on traite les mines qui en contiennent, on appelle ces sortes de sublimés, Cadmie des fourneaux, pour la distinguer de la Cadmie naturelle qu'on appelle aussi Calamine, ou Pierre calaminaire, qui est à proprement parler une mine de Zinc contenant beaucoup de ce demi-métal avec du Fer & une substance pierreuse. Les sublimations métalliques qui se font par le moyen du Zinc ne sont point les seules auxquelles on donne le nom de Cadmie des fourneaux ; on appelle de-même en général, toutes les sublimations métalliques qui se trouvent dans les fourneaux dans lesquels on traite les mines.

Si on applique au Zinc une chaleur violente & subite, il se sublime avec sa forme métallique, n'ayant pas le tems de se brûler & de se réduire en fleurs.

Ce demi-métal est dissoluble dans

LES DE-MI-MÉTAUX.

LE ZINC.

CADMIE DES FOUR-NEAUX.

PIERRE CALAMINAIRE.

tous les acides, & sur-tout dans l'esprit de nitre, qui l'attaque & le dissout avec une très-grande violence.

Le Zinc a plus d'affinité avec l'acide vitriolique que le Fer & le Cuivre,
c'estpourquoi il décompose les vi-
triols verds & bleus en précipitant
ces deux métaux, & s'unissant avec
l'acide vitriolique, avec lequel il forme un sel métallique, ou vitriol qui
s'appelle Vitriol de Zinc.

Le nitre mêlé avec le Zinc & projetté dans un creuset rouge, détonne
violemment, & il s'éléve pendant la
détonnation une grande quantité de
fleurs blanches, les mêmes que celles
qui paroissent lorsqu'il se consume
tout seul.

Le soufre n'a point d'action sur le
Zinc.

Messieurs Hellot & Malouin ont
beaucoup travaillé sur ce demi-métal.
On peut voir leurs recherches dans
les Mémoires de l'Académie des Sciences.

Le Régul d'Arsénic est le plus volatil des demi - métaux. Il s'exhale &
se dissipe entièrement en vapeurs, à

une chaleur très-modérée ; c'est ce qui est cause qu'on ne peut le mettre en fusion & en avoir des masses considérables. Il a une couleur métallique un peu plombée, mais il perd promptement son brillant lorsqu'il est exposé à l'air.

Il s'unit assés facilement avec les substances métalliques, & a avec elles à peu près les mêmes affinités que le Régul d'Antimoine. Il les rend fragiles & cassantes. Il a aussi la propriété de les rendre volatiles, & facilite beaucoup leur scorification.

Il perd lui-même très-facilement son phlogistique & sa forme métallique. Lorsqu'on l'expose au feu, il se sublime en une espéce de chaux brillante & crystaline, qui ressemble plus à cause de cela à une matière saline qu'à une chaux métallique : cette chaux ou ces fleurs se nomment Arsénic blanc, crystalin, & le plus souvent simplement Arsénic.

Cette substance a des propriétés très-singulières, & qui s'éloignent beaucoup de toutes celles des autres chaux métalliques. Elle a été encore peu examinée , & j'ai entrepris un travail pour découvrir sa nature , dont on verra le détail dans les Mémoires de l'Académie des Sciences.

L'Arsénic différe des autres chaux métalliques , premièrement , en ce qu'il est très-volatil , & que les chaux des substances métalliques , même celles des demi-métaux les plus volatils , tels que le Régul d'Antimoine & le Zinc sont très-fixes ; & en second lieu , en ce qu'il a un caractère salin qu'on ne trouve dans aucune chaux métallique.

Ce caractère salin se manifeste , premièrement , en ce que l'Arsénic est dissoluble dans l'eau ; secondement , par sa qualité corrosive qui le rend un des plus violens poisons ; qualité que n'ont point les autres substances métalliques , à moins qu'elles ne soient combinées avec quelque matière saline. Il faut pourtant en excepter le Régul d'Antimoine ; mais les meilleurs Chymistes conviennent que ce demi métal , ou approche de la nature de l'Arsénic , ou en contient lui-même une portion qui est

combinée avec lui. D'ailleurs ſes qua- LES DE-
lités venimeuſes ne ſe manifeſtent ja- MI - ME-
mais mieux que lorſqu'il eſt combiné EAUX.
avec quelqu'acide. Troiſiémement , L'ARSÉNIC
enfin, l'Arſénic agit ſur le nitre de la
même manière que l'acide vitriolique ;
c'eſt-à-dire , qu'il décompoſe ce ſel
neutre , en débarraſſant ſon acide de
ſa baſe alkaline , avec laquelle il ſe
joint lui-même & forme un nouveau
compoſé ſalin.

Cette combinaiſon eſt une eſpéce NOUVEAU
de ſel parfaitement neutre. Lorſqu'on SEL NEUTRE
la fait dans des vaiſſeaux fermés , ce ARSÉNICAL.
ſel ſe cryſtaliſe ſous la forme de priſmes quadrangulaires rectangles , ter-
minés à chaque bout par des pyrami-
des auſſi quadrangulaires rectangles ,
dont quelques-unes cependant ſe ter-
minent par une arête, au lieu de ſe terminer en pointe. Il n'en eſt pas de
même lorſqu'on la fait à feu ouvert ;
car pour lors on n'obtient qu'un ſel
alkali chargé d'Arſénic, qui ne peut
ſe cryſtaliſer.

La raiſon de cette différence eſt
que l'Arſénic une fois engagé dans
la baſe alkaline du nitre , ne peut ja-

mais en être séparé par l'action du feu, quelque violente qu'elle soit, tant qu'on le tient dans des vaisseaux fermés; au-lieu que lorsqu'on l'expose au feu sans cette précaution, il s'en sépare assés facilement. Cette propriété de l'Arsénic n'avoit encore été apperçue jusqu'à présent par aucun Chymiste : de-là vient qu'on ne connoissoit aussi nullement cette nouvelle espéce de sel neutre Arsénical.

Ce nouveau sel a un grand nombre de propriétés singulières, dont voici les principales. Premièrement, il ne peut être décomposé par l'interméde d'aucun acide, même de l'acide vitriolique le plus fort ; ce qui, joint à la propriété de dégager l'acide nitreux de sa base, montre qu'il a avec les alkalis fixes une très-grande affinité.

Secondement, ce même sel sur lequel les acides purs n'ont point d'action, est décomposé avec la dernière facilité par les acides unis avec les substances métalliques. La raison de ce phénoméne est des plus curieuses, & nous servira à donner un exemple

de

de ce que nous avons dit des doubles
affinités.

Si à une dissolution d'une substance métallique quelconque, faite par
un acide quelconque, (excepté celle
du Mercure par l'acide marin, & celle
de l'Or par l'Eau régale) on mêle
une certaine quantité du nouveau Sel
dissous dans l'eau, la substance métallique est dans l'instant du mêlange
séparée de l'acide qui la tenoit en dissolution, & précipitée au fond de la
liqueur.

Tous les Précipités métalliques faits
par ce moyen se trouvent être une
combinaison du métal avec l'Arsénic,
d'où il faut nécessairement conclure
que dans cette occasion le nouveau
Sel neutre a été décomposé, sa partie arsénicale s'étant combinée avec
la substance métallique, & sa base
alkaline avec l'acide qui tenoit le
métal en dissolution.

Voici comment il faut concevoir
le jeu des affinités dans cette occasion.
Les acides qui tendent à décomposer
le Sel neutre arsénical en vertu de
l'affinité qu'ils ont avec sa base al-

kaline, ne le peuvent faire parceque cette affinité eſt puiſſamment contrebalancée par celle qu'a l'Arſénic avec ces mêmes alkalis, qui eſt égale ou même ſupérieure à la leur. Mais ſi ces acides ſe trouvent joints avec une ſubſtance qui ait de ſon côté une très grande affinité avec la partie arſénicale du Sel neutre, pour lors les deux parties qui compoſent ce Sel, ſe trouvant ſollicitées par deux affinités qui tendent à les ſéparer l'une de l'autre, ce même Sel éprouvera une décompoſition à laquelle on ne ſeroit pas parvenu ſans le ſecours de cette ſeconde affinité. Or les ſubſtances métalliques ayant beaucoup d'affinité avec l'Arſénic, il n'eſt pas ſurprenant que le Sel neutre Arſénical qui ne peut être décompoſé par les acides purs, le ſoit par les acides combinés avec les métaux. La décompoſition de ce Sel, & la précipitation qu'il opére en conséquence dans les diſſolutions métalliques arrivent donc par le moyen d'une double affinité, ſçavoir celle de l'acide avec la baſe alkaline du Sel neutre, & celle du métal avec son principe arsénical.

L'Arsénic n'a pas sur le Sel marin la même action que sur le nitre, & ne peut dégager son acide ; phénoméne très-singulier, & dont il est très-difficile de rendre raison ; car on sçait que l'acide nitreux a plus d'affinité avec les alkalis, même avec la base du sel marin, que n'en a l'acide marin lui-même.

On peut cependant combiner l'Arsénic avec la base du Sel marin, & faire avec elle un Sel neutre semblable à celui qui résulte de la décomposition du nitre par l'Arsénic ; mais il faut pour cela former un nitre quadrangulaire, & le traiter avec l'Arsénic comme le nitre ordinaire.

Le Sel produit par la combinaison de l'Arsénic avec la base du Sel marin ressemble fort au Sel neutre arsénical dont nous venons de parler, tant par la figure de ses crystaux que par ses différentes propriétés.

L'Arsénic présente encore un phénoméne singulier, tant avec l'alkali du nitre qu'avec celui du Sel marin ; c'est que si on le combine avec ces

Sels refous en liqueur, il forme avec
eux un compofé falin, tout différent des Sels neutres arfénicaux ré-
fultans de la décompofition des Sels
nitreux.

Ce compofé falin que je nomme
Foie d'Arfénic, peut fe charger d'u-
ne quantité d'Arfénic beaucoup plus
confidérable qu'il n'eft néceffaire
pour faouler entièrement l'alkali. Il
prend la forme d'une colle, d'autant
plus épaiffe qu'il contient plus d'Arfénic. Son odeur eft défagréable ; il
attire l'humidité de l'air, & ne fe
cryftalife point ; il eft facilement décompofé par un acide quelconque,
qui précipite l'Arfénic & s'unit à l'alkali. Enfin, il préfente d'autres phénoménes avec les diffolutions métalliques que nos Sels neutres arfénicaux. Mais les bornes que je me fuis
prefcrites dans ce livre ne me permettent pas d'entrer dans de plus
longs détails. Ceux qui feront curieux
d'en fçavoir davantage fur cette
matière, pourront confulter les Mémoires que j'ai donnés fur l'Arfénic,
inférés dans le Recueil de ceux de
l'Académie des Sciences.

L'Arſénic ſe réduit facilement en Régul. Il ſuffit qu'on le mêle avec quelque matière qui contienne du phlogiſtique; & à l'aide d'une chaleur très-modérée, il ſe ſublime en vrai Régul. Ce Régul, comme nous l'avons déja dit, eſt très-volatil, & ſe calcine avec la dernière facilité : c'eſt ce qui eſt cauſe qu'on ne peut l'avoir qu'en petite quantité, & qu'on a imaginé pour l'avoir en maſſe, d'ajouter quelque métal avec lequel il ait beauconp d'affinité, tel que le Cuivre ou le Fer, parceque pour lors il ſe joint avec ces métaux qui le retiennent & le fixent en partie : mais on ſent aſſés que le Régul fait par ce moyen n'eſt pas pur, & qu'il participe beaucoup du métal qu'on a employé.

L'Arſénic ſe joint facilement avec le ſoufre, & ſe ſublime avec lui en un compoſé de couleur jaune qu'on nomme Orpin ou Orpiment.

Il n'y a que deux intermédes qui puiſſent ſéparer le ſoufre de l'Arſénic, ſçavoir les alkalis fixes, & le Mercure.

Les Demi-Metaux.

L'Arſénic.

L'Orpiment.

Cette propriété qu'a le Mercure
de séparer le soufre de l'Arsénic, est
fondée sur ce que ces deux substances
métalliques ne peuvent contracter ensemble aucune union ; au-lieu que
tous les autres métaux & demi-métaux, quoique pour la plupart ils ayent
avec le soufre une plus grande affinité
que le Mercure, comme nous l'avons
vu à l'occasion de la décomposition
du cinnabre, sont cependant hors
d'état de décomposer l'Orpiment,
parceque les uns ont autant d'affinité
avec l'Arsénic qu'avec le soufre ; que
les autres n'en ont ni avec l'un ni avec
l'autre, ou qu'enfin le soufre a un aussi
grand rapport avec l'Arsénic qu'avec
eux.

Il faut observer, si on se sert des
alkalis fixes pour dépurer ainsi l'Arsénic, de n'en employer que la juste
proportion qui est nécessaire pour
absorber le soufre ou le phlogistique ;
(car ils ont aussi la propriété de l'enlever à l'Arsénic) autrement, comme
nous avons vu que l'Arsénic se joint
très-facilement avec eux, ils en ab-
sorberoient une grande quantité.

CHAPITRE X.

De l'Huile en général.

L'HUILE est une substance onctueuse, inflammable avec fumée,
& indissoluble dans l'eau. Elle est
composée du phlogistique uni avec
l'eau par le moyen d'un acide. Il entre outre cela dans sa composition une
certaine quantité de terre, plus ou
moins grande, suivant les différentes
espèces d'Huile.

 La présence du phlogistique dans
l'Huile est prouvée par son inflammabilité. Plusieurs expériences démontrent que l'acide est un de ses principes : voici les principales. Si on tri-
ture long-tems certaines Huiles avec
un Sel alkali, qu'on dissolve ensuite
cet alkali dans l'eau, il donne des
cristaux d'un véritable Sel neutre.
Quelques métaux, & en particulier le
cuivre, sont rongés & rouillés par les
Huiles, comme par les acides. Enfin
on trouve des cristaux acides dans des

LES
HUILES.

Huiles qu'on garde long-tems. Cet acide de l'Huile sert sans doute à unir le phlogistique avec l'eau, qui n'ayant ensemble aucune affinité, ont besoin pour s'unir d'un interméde tel que l'acide, qui a de l'affinité avec l'un & l'autre de ces principes. A l'égard de l'eau, on la retire des Huiles en les décomposant par des distillations réitérées qu'on leur fait subir, sur-tout après les avoir mêlées avec des terres absorbantes. Enfin lorsqu'on détruit une Huile par la combustion, il reste toujours une certaine quantité de terre.

Nous sommes bien certains que les principes dont nous venons de parler entrent dans la composition des Huiles; car il n'y en a aucune dont on ne puisse les retirer : mais il n'est pas absolument sûr qu'ils soient les seuls, & qu'il n'y en ait pas encore quelqu'autre qui nous échappe dans la décomposition; car il n'y a jusqu'à présent aucune expérience bien constante & bien avérée, qui prouve qu'on ait produit de l'Huile en combinant ensemble ces seuls principes : ce qui est l'unique moyen que nous ayons de nous assurer si nous avons connoissance de tous les principes qui entrent dans la composition d'un corps.

Les Huiles exposées au feu dans les vaisseaux fermés, passent presque entièrement du vaisseau dans lequel elles sont, dans le récipient qu'on y a ajusté pour les recevoir. Il reste cependant une petite quantité de matière noire, qui est de la plus grande fixité, & qui demeure inaltérable tant qu'elle n'a pas de communication avec l'air extérieur, quelque violente que soit l'action du feu. Cette matière n'est autre chose qu'une partie du phlogistique de l'Huile qui est resté unie avec sa terre la plus fixe & la plus grossière; c'est ce que nous avons nommé Charbon.

Lorsque l'Huile se trouve unie à beaucoup de terre, comme elle l'est dans les corps des végétaux & des animaux, elle fournit une quantité de Charbon bien plus considérable.

Le Charbon exposé au feu à l'air libre, brule & se consume, mais sans laisser paroître de flamme semblable à

LES
HUILES.

LE
CHARBON.

celle des autres matières combustibles; il n'a qu'une petite flamme bleuâtre qui est absolument exempte de fumée. Le plus souvent il ne fait que rougir & scintiller, & se réduit ainsi en cendre, qui n'est plus que la terre du mixte unie avec un Sel alkali dans la combustion. On peut séparer ce Sel alkali de la cendre, en la lessivant avec de l'eau, qui dissout tout ce qu'elle contient de Sel, & laisse la terre absolument pure. Le Charbon est inaltérable & indestructible par tout autre corps que par le feu; d'où il suit que lorsqu'il n'est point actuellement en feu & embrasé, les agens les plus puissans tels que sont les acides, quelque forts & concentrés qu'on les suppose, n'ont point sur lui la moindre action.

Il n'en est pas de-même lorsqu'il est embrasé, c'est-à-dire, que son phlogistique commence à se séparer de la terre; l'acide vitriolique pur, combiné avec lui, contracte dans l'instant union avec son phlogistique, & se dissipe en esprit sulphureux volatil. Si au-lieu d'appliquer l'acide vitriolique

pur au Charbon embrasé, on lui a
donné des entraves, en l'uniffant avec
une bafe, fur-tout alkaline; il contracte pour lors une union plus intime
avec le phlogiftique du Charbon en
quittant fa bafe, & forme avec lui de
véritable foufre, avec lequel l'alkali
s'unit dans cette occafion & forme un
hépar.

On n'a remarqué aucune action de
l'acide du Sel marin pur fur le Charbon, fur-tout lorfqu'il n'eft point
embrafé. Mais lorfque cet acide eft
engagé dans une bafe alkaline ou métallique, & qu'on le combine en fuivant certains procédés avec le Charbon embrafé, il quitte auffi fa bafe,
s'unit au phlogiftique; & forme avec
lui du Phofphore dont nous avons
déja parlé. Le détail du procédé par
lequel on parvient à faire du Phofphore a été donné avec toute l'exacti-
tude & la précifion poffible par M.
Hellot, & fe trouve dans un mémoire
qu'il a fait exprès fur cette matière.
Voyez les mémoires de l'Ac. R. des
Sciences, année 1737.

L'acide nitreux pur ne peut point

non plus décompoſer le Charbon,
même embraſé : mais lorſqu'il eſt
joint avec une baſe, auſſitôt qu'il touche à du Charbon brulant, il quitte
rapidement cette baſe, & s'unit avec
le phlogiſtique du Charbon avec la
plus grande violence. Il naît vraiſem-
blablement, comme nous avons déja
dit, de cette union une eſpéce de ſoufre ou de phoſpore, qui eſt ſi inflammable, qu'il ſe détruit par la combuſtion auſſitôt qu'il eſt formé.

Les acides nitreux & vitrioliques
agiſſent ſur les Huiles ; mais bien différemment, ſuivant la quantité de
phlegme qu'ils contiennent. Lorſqu'ils ſont noyés d'eau, ils n'ont ſur
elles aucune action ; s'ils en contiennent moins, & qu'ils ſoient déphleg-
més juſqu'à un certain point, ils les
diſſolvent avec chaleur, & forment
avec elles des compoſés qui ont une
conſiſtence épaiſſe. Les acides ainſi
combinés avec les Huiles, s'ils y ſont
en grande doſe, les rendent diſſolubles dans l'eau. Les alkalis ont auſſi
la même propriété. Lorſqu'une Huile
eſt ainſi combinée avec un Acide ou

un alkali, de telle forte que le compofé qui réfulte de leur union foit
diffoluble dans l'eau, ce compofé
peut porter en général le nom de Sa
von. Le Savon a lui-même la propriété de rendre les matières graffes en
quelque forte diffolubles dans l'eau,
ce qui le rend très-propre à nettoyer
& à dégraiffer.

Les acides nitreux & vitrioliques
très-concentrés, diffolvent les Huiles
avec une fi grande violence, qu'ils les
échauffent, les noirciffent, les brulent & les enflamment.

On ne connoît point encore bien
l'action du fel marin fur les Huiles.

Toutes les Huiles ont la propriété
de diffoudre le foufre. Il eft encore
commun à toutes les Huiles de devenir plus fluides, plus tenues, plus légères, & plus limpides à mefure qu'on
les diftille.

Le mélange des fubftances falines
leur donne au contraire plus de confiftence; elles peuvent même former enfemble des compofés prefque folides.

CHAPITRE XL.

Des différentes espéces d'Huile.

ON distingue les Huiles par les substances dont on les retire. Les minéraux, les végétaux, & les animaux en fournissent ; d'où il suit qu'il y a des Huiles minérales, végétales & animales.

LES HUILES MINERALES. On ne trouve dans les entrailles de la terre qu'une seule espéce d'Huile qu'on nomme Pétrole : elle a une odeur forte & assés gracieuse ; sa couleur est quelquefois plus, quelquefois moins jaune. Il y a des minéraux dont on peut retirer par la distillation une grande quantité d'Huile qui ressemble beaucoup à l'Huile de Pétrole. Ces

LES BITUMES. substances se nomment Bitumes, & ne sont que de l'Huile rendue épaisse & solide par l'union qu'elle a contractée avec un acide. La preuve est qu'avec de l'Huile de Pétrole & de l'acide vitriolique, on forme un Bitume artificiel très-semblable aux naturels.

Les substances végétales fournissent une très-grande quantité de différentes sortes d'Huiles; car il n'y a point de plante, ou même de partie de plante, qui n'en contienne une ou plusieurs espéces qui lui sont propres, & pour l'ordinaire différentes de celles de toutes les autres.

LES DIFFERENTES HUILES.

LES HUILES VEGETALES.

On retire par la seule expression, c'est-à-dire, en écrasant & en mettant en presse des substances végétales, particulièrement certains fruits & graines, une sorte d'Huile qui n'a presque point d'odeur, ni de saveur. Ces Huiles sont très-douces & très-onctueuses; & comme elles ressemblent en cela à la graisse plus que les autres, on leur a donné le nom d'Huiles grasses.

LES HUILES GRASSES.

Ces Huiles exposées à l'air pendant un certain tems s'épaississent plus ou moins vîte, contractent une saveur âcre, & une odeur forte & désagréable. Il y en a qui se congélent au moindre froid. Cette espéce d'Huile est très-propre à dissoudre les préparations de plomb que nous avons nommées litharge & minium; elle forme avec elles une substance épaisse & te-

LES DIF-
FERENTES
HUILES.

LES HUI-
LES ESSEN-
TIELLES.

nace qui fert de bafe à prefque tous les emplâtres.

On retire auffi par la feule expreffion de certaines fubftances végétales, une autre efpéce d'Huile qui eft tenue, limpide, volatile, dont la faveur eft âcre, & qui conferve l'odeur de la plante dont on la retire; elle fe nomme par cette raifon Huile effentielle. Il y en a de plufieurs fortes, qui différent entre elles comme les Huiles graffes, fuivant les matières dont on les a retirées.

Il faut remarquer qu'il n'eft pas facile, qu'il eft même le plus fouvent impoffible, de retirer par la feule expreffion de la plupart des fubftances végétales, ce qu'elles contiennent d'Huile effentielle. Dans ce cas on a recours à l'action du feu, & par le moyen d'une chaleur douce qui n'excéde point le dégré de l'eau bouillante, on leur enlève toute leur Huile effentielle : c'eft la manière la plus ufitée & la plus commode de retirer ces fortes d'Huiles.

La même méthode ne peut point avoir lieu pour les Huiles graffes. La raifon raison en est que ces Huiles étant beaucoup plus lourdes que les Huiles essentielles, demandent pour être en- levées un dégré de chaleur beaucoup plus considérable, & qu'elles ne peuvent éprouver une telle chaleur, sans s'altérer considérablement & changer entièrement de nature, comme nous le ferons bientôt voir. Toute Huile qui s'éléve à la chaleur de l'eau bouillante mérite donc & mérite seule le nom d'Huile essentielle.

Les Huiles essentielles, au bout d'un tems plus ou moins grand, sui- vant leur nature, perdent l'odeur a- gréable qu'elles avoient lorsqu'elles étoient nouvellement distillées, & en contractent une autre qui est forte, rance & beaucoup moins gracieuse. Elles perdent aussi leur ténuité, & deviennent épaisses & tenaces. Elles ressemblent pour lors beaucoup à des substances très-abondantes en Huile qui découlent de certains arbres, & qu'on nomme Baumes ou Résines, suivant leur consistence.

Les Baumes & les Résines sont indissolubles dans l'eau. Mais il y a d'au-

tres composés huileux qui découlent
aussi des arbres, qui ressemblent assés
aux Résines, dont l'eau est le dissolvant; on les a nommé Gommes. Cette
propriété de se dissoudre dans l'eau,
leur vient de ce qu'elles contiennent
plus d'eau que les Résines, & plus de
Sel, ou du moins des parties salines
plus développées.

Les Baumes & les Résines distillés
à la chaleur de l'eau bouillante, fournissent une grande quantité d'Huile
limpide, ténue & odorante, en un
mot essentielle. Il reste dans le vaisseau distillatoire une substance plus
épaisse, & qui a plus de consistence
que n'en avoit le Baume ou la Résine
avant la distillation. La même chose
arrive aux Huiles essentielles qui ont
acquis de l'épaississement, & sont devenues résineuses avec le tems; en les re-
distillant, on leur rend leur première
ténuité, & elles laissent un résidu plus
épais & plus résineux qu'elles n'étoient
elles-mêmes : on nomme cette seconde distillation la Rectification d'une
Huile.

Il faut remarquer que si on combine

un Huile essentielle avec un acide assés

LES DIF-FERENTES HUILES.

un Huile essentielle avec un acide assés fort pour la dissoudre, elle devient aussitôt par cette union aussi épaisse & résineuse que si elle avoit été long-tems exposée à l'air : ce qui prouve que si une Huile acquiert ainsi de la consistence avec le tems, cela vient de ce que sa partie la plus légère & la moins acide, s'est évaporée, & que son acide se trouvant par ce moyen en plus grande proportion avec ce qui reste, lui cause le même changement que si on avoit ajouté un acide étranger à cette même Huile avant l'évaporation.

Cela nous indique aussi que les Baumes & les Résines ne sont autre chose que des Huiles essentielles combinées avec beaucoup d'acide, & épaissies par son moyen.

Lorsque les végétaux ne fournissent plus d'Huile essentielle qui s'éléve à la chaleur de l'eau bouillante, si on les expose à une chaleur plus forte, ils fournissent encore une grande quantité d'Huile, mais qui est plus épaisse & plus lourde que l'Huile essentielle. Les Huiles sont noires, & ont une

LES DIF-
FERENTES
HUILES.
odeur de feu ou de brulé très-défa-
gréable, qui les a fait nommer Huiles fœtides & empireumatiques : elles
ont auſſi beaucoup d'âcreté.

Il faut obſerver que ſi on expoſe
une ſubſtance végétale à un dégré de
chaleur plus fort que celui de l'eau
bouillante, ſans avoir tiré d'abord
l'Huile graſſe ou eſſentielle qu'elle
peut contenir, on n'en retire que de
l'Huile empireumatique, parceque les
Huiles graſſes & eſſentielles expoſées
à l'action du feu, ſe brulent, acquiérent de l'acrimonie, contractent une
odeur de feu, en un mot deviennent
véritablement empireumatiques. Il y
a lieu de croire que les Huiles empireumatiques ne ſont jamais autre choſe que de l'Huile eſſentielle ou de
l'Huile graſſe ainſi altérée & brûlée par
le feu,& qu'il n'y a que ces deux ſortes
d'Huiles qui exiſtent naturellement
dans les végétaux.

Quand on diſtille & qu'on rectifie
pluſieurs fois à une douce chaleur les
Huiles empireumatiques, elles acquiérent à chaque diſtillation un dégré de ténuité, de légèreté & de lim

pidité plus confidérable : elles perdent LES DIF-
auffi par ce moyen une partie de leur FERENTES
odeur défagréable , enforte qu'elles HUILES.
approchent de plus en plus de la nature des Huiles effentielles , & qu'en
pouffant les rectifications affés loin ,
comme jufqu'à dix ou douze fois , elles deviennent entièrement femblables
bles à ces Huiles , excepté qu'elles
n'ont jamais l'odeur fi agréable , ni
reffemblante à celle des fubftances
dont on les a retirées.

Les Huiles graffes peuvent auffi par
le même moyen devenir femblables
aux Huiles effentielles ; mais jamais
ni les Huiles effentielles ni les empireumatiques ne peuvent acquérir les
propriétés des Huiles graffes.

On retire par la diftillation des par- LES HUI-
ties des corps des animaux , fur-tout LES ANI-
de leur graiffe, une très-grande quan- MALES.
tité d'Huile ; mais qui n'a pas d'abord
beaucoup de ténuité , & qui eft très-
fœtide. Par un grand nombre de rectifications , on parvient à lui donner
beaucoup de fluidité & de limpidité ,
& à diminuer confidérablement fon
odeur défagréable. Les Huiles anima-

les devenues ainſi fluides & tenues par un grand nombre de rectifications, ont la réputation d'être un grand reméde & un ſpécifique dans l'epylepſie.

CHAPITRE XII.

De la Fermentation en général.

**LA FER-
MENTA-
TION.**

ON entend par fermentation, un mouvement inteſtin qui s'excite de lui-même entre les parties inſenſibles d'un corps, duquel réſulte un nouvel arrangement & une nouvelle combinaiſon de ces mêmes parties.

Les conditions néceſſaires pour que la fermentation puiſſe s'exciter dans un corps, ſont premièrement, qu'il entre dans ſa compoſition une certaine proportion de parties aqueuſes, ſalines, huileuſes & terreſtres. La proportion de tous ces principes néceſſaires à la fermentation n'eſt point encore bien connue.

Secondement, que le corps qui doit fermenter ſoit expoſé à un certain dégré de chaleur tempérée, car un grand

froid eſt un obſtacle à la fermentation,
& une chaleur trop grande décompoſe
les corps. Enfin le concours de l'air eſt
auſſi néceſſaire à la fermentation.

Toutes les ſubſtances végétales ou
animales ſont ſuſceptibles de fermentation, parcequ'elles contiennent toutes, dans une proportion convenable,
les principes dont nous avons parlé.
Il y en a cependant beaucoup qui man-
quent d'une ſuffiſante quantité d'eau,
& qui ne peuvent fermenter tant
qu'elles ſont dans cet état de ſiccité.
Mais il eſt facile de leur ajouter ce qui
leur manque de ce côté-là, & par conſéquent de les rendre très-ſuſceptibles
de fermentation.

A l'égard des minéraux proprement
dits, (c'eſt-à-dire qu'il faut exclure de
ce nombre les ſubſtances végétales &
animales qui peuvent avoir ſéjourné
dans les entrailles de la terre) ils ne
peuvent ſubir de fermentation, au
moins ſenſible.

Il y a trois ſortes de fermentations,
qui différent entre elles par les produits qui en réſultent. La première
produit les vins & liqueurs ſpiritueu-

ses : on la nomme à cause de cela fermentation vineuse ou spiritueuse. Le
résultat de la seconde est une liqueur
acide ; ce qui la fait nommer fermentation acide : & la troisiéme fait naître
un Sel alkali, mais qui différe de ceux
dont nous avons parlé jusqu'à présent,
principalement en ce qu'au-lieu d'être
fixe, il est très-volatil ; cette dernière
espéce prend le nom de fermentation
putride ou de putréfaction. Nous allons parler un peu plus en détail de
ces trois espéces de fermentations &
de leurs produits.

Ces trois espéces de fermentations
peuvent s'exciter successivement dans
le même sujet ; ce qui prouve que ce
sont plutôt trois dégrés différens de
la même fermentation, & qui n'ont
qu'une même cause, que trois fermentations distinctes l'une de l'autre. Les
dégrés de la fermentation suivent toujours l'ordre que nous leur avons
donné.

CHAP.

CHAPITRE XIII.

De la Fermentation spiritueuse

LE suc de presque tous les fruits, toutes les matières végétales sucrées, les semences & graines farineuses de toute espéce délayées avec suffisante quantité d'eau, sont les matières les plus propres à la fermentation spiritueuse. Si on expose ces liqueurs dans des vaisseaux qui ne soient point exactement fermés à un dégré de chaleur modéré, au bout de quelque tems, elles commencent à devenir troubles; il s'excite insensiblement un petit mouvement dans leurs parties, qui occasionne un petit sifflement : cela augmente peu à peu, jusqu'au point qu'on voit les parties grossières qu'elles contiennent, comme des pepins ou des grains, s'agiter, se mouvoir en différens sens, & être jettées à la superficie. Il se dégage en même-tems quelques bulles d'air, & la liqueur acquiert une odeur piquante & péné-

R

trante, occasionnée par des vapeurs
très-subtiles qui s'en exhalent.

Personne jusqu'à présent n'a rassem-
blé ces vapeurs pour en examiner la
nature ; elles ne sont guères connues
que par leurs effets mal-faisans. Elles
sont si actives & si meurtrières, que si
un homme entre inconsidérément dans
un endroit clos qui contienne beaucoup de liqueurs fermentantes, il tombe subitement, & meurt comme s'il
étoit assommé.

Quand tous ces phénoménes de la
fermentation commencent à diminuer, il convient de l'arrêter, si l'on
veut avoir une liqueur bien spiritueuse ; car si on la laissoit durer plus
long-tems, elle deviendroit acide, &
de-là passeroit à son dernier dégré,
c'est - à - dire à la putréfaction. Les
moyens qu'on emploie pour cela sont
de fermer exactement les vaisseaux qui
contiennent les liqueurs fermentantes, & de les mettre dans un air plus
froid. Alors les impuretés se précipitent & se déposent au fond, & les liqueurs deviennent claires & transpa-
tentes. Si on en goûte lorsqu'elles

font en cet état, on trouve que la ſaveur douce ou ſucrée qu'elles avoient avant la fermentation, s'eſt changée en une ſaveur picquante, mais agréable & ſans acidité.

Les liqueurs ainſi fermentées ſe nomment en général Vins : car quoique ce nom ſoit particulièrement affecté à celle qu'on retire des raiſins, & qu'on donne dans le langage ordinaire des noms particuliers à celles qui ſont tirées des autres ſubſtances ſuſceptibles de la même fermentation; qu'on appelle par exemple Cidre, celle qui eſt tirée des pomes; Bierre, celle qui vient des grains, cependant il eſt bon en Chymie d'avoir un mot général qui déſigne toute liqueur qui a ſubi ce premier dégré de fermentation.

On retire du vin, par la diſtillation, une liqueur inflammable, d'un blanc jaune, légère, d'une odeur pénétrante & agréable. Cette liqueur eſt la partie vraiment ſpiritueuſe du vin, & le produit de la fermentation. Celle qu'on retire à la première diſtillation, eſt ordinairement chargée de beaucoup de phlegme, & de quelques parties huileuses dont on peut la dépouiller ensuite. On la nomme Eau-de-vie lorsqu'elle est dans cet état ; mais lorsqu'on l'a débarrassée de ces parties qui lui sont étrangères, par des distillations réitérées, elle devient encore plus blanche, plus légère, plus odorante & beaucoup plus inflammable : elle prend pour lors le nom d'Esprit-de-vin, d'Esprit-de-vin rectifié, s'il l'est beaucoup, ou d'Esprit ardent.

Les propriétés qui distinguent les Esprits ardens de toutes les autres substances, sont d'être inflammables ; de bruler & de se dissiper entièrement sans laisser échapper la moindre apparence de fumée ni de fuliginosités ; de ne contenir aucune matière qui puisse se réduire en charbon, & d'être parfaitement miscibles avec l'eau.

Les Esprits ardens sont les dissolvans naturels de la plupart des huiles & des matières huileuses. Il est très-remarquable qu'ils ne dissolvent que les huiles essentielles, & qu'ils ne touchent point à la graisse des animaux, ni aux huiles grasses tirées par expression. Mais ces huiles deviennent dissolubles dans l'Esprit-de-vin, quand elles ont éprouvé l'action du feu, & acquiérent même un nouveau dégré de dissolubilité, à chaque fois qu'on les distille. Il n'en est pas de-même des huiles essentielles, qui sont d'abord aussi dissolubles dans les Esprits ardens qu'elles peuvent jamais l'être, & qui bien loin d'acquérir un nouveau dégré de dissolubilité à chaque fois qu'on les distille, perdent au contraire par des rectifications réitérées une partie de cette propriété.

J'ai fait des recherches particulières sur la cause de ces effets singuliers : on en peut voir le détail dans un Mémoire imprimé dans le Recueil de ceux de l'Académie des Sciences, année 1745. J'y considére les Esprits ardens comme composés d'une partie huileuse, ou du moins phlogistique, mêlée avec une partie aqueuse, dans laquelle elle est rendue dissoluble par le moyen d'un acide. Cela posé, je fais voir que si l'Esprit-de-vin est hors d'état de dissoudre certaines huiles, il

R iij

LA FER-
MENTA-
TION SPI-
RITUEU-
SE.

LES ES-
PRITS AR-
DENS.

faut s'en prendre à sa partie aqueuse,
dans laquelle les huiles ne sont point
naturellement dissolubles sans un interméde salin : & que si ce même Esprit-de-vin dissout facilement d'autres huiles, telles que les huiles essentielles ; apparemment ces huiles
sont pourvues de cet interméde salin
qui leur est nécessaire pour cela, je
veux dire d'un acide, qu'effectivement une infinité d'expériences y ont
fait reconnoître.

D'un autre côté, j'ai prouvé que
l'acide des huiles essentielles leur est
surabondant, & en quelque sorte
étranger ; qu'il ne leur est uni que
foiblement, & qu'il les abandonne
en partie à chaque fois qu'on les distille ; ce qui les rend moins dissolubles, à proportion du nombre de rectifications qu'on leur fait éprouver :
& qu'au contraire les huiles grasses
ne donnent dans leur état naturel
aucune marque d'acidité ; mais que
quand elles ont éprouvé l'action du
feu, il se développe en elles un acide
qu'il est impossible de méconnoître; ce
qui me fait conjecturer que ces huiles

ne contiennent d'acide que ce qui est
nécessaire à leur mixtion huileuse ;
que cet acide est intimement mêlé
avec les autres parties qui les composent ; qu'il est enveloppé & embar-
rassé de telle sorte par ces mêmes parties, qu'il ne peut manifester aucune
de ses propriétés ; ce qui fait que ces
huiles, dans leur état naturel, sont
indissolubles dans l'Esprit-de-vin ;
mais que le feu changeant l'arrangement des parties, développant & rendant cet acide de plus en plus sensible, il recouvre pour lors ses propriétés, & en particulier celle qu'il a
de rendre les parties huileuses dissolubles dans les menstrues aqueux :
d'où il suit que les huiles grasses deviennent d'autant plus dissolubles
dans l'Esprit-de-vin, qu'elles ont
éprouvé l'action du feu un plus grand
nombre de fois.

L'Esprit-de-vin ne dissout point les
alkalis fixes, ou du moins n'en dissout qu'une très-petite quantité ; ce
qui fait que par le moyen de ces sels
bien desséchés, on parvient à enlever aux Esprits ardens une grande

R iv

La fer-
menta-
tion spi-
ritueu-
se.

Les Es-
prits ar-
dens.

quantité de leur phlegme. Car comme ces sels sont très-avides de l'humidité, & ont même avec l'eau une
plus grande affinité que les Esprits
ardens, si on mêle un alkali fixe bien
privé d'humidité, dans de l'Esprit-de-
vin qui ne soit pas bien déphlegmé,
aussitôt l'alkali s'empare de son humidité superflue, & se résout par ce
moyen en liqueur, qui comme plus
lourde occupe le fond du vase. L'Es-
prit-de vin qui surnage, se trouve
par ce moyen aussi sec & aussi déphlegmé que si on l'avoit rectifié par
plusieurs distillations. Comme dans
cette opération il se charge de quelques
parties alkalines, cela le rend propre
à dissoudre plus facilement les ma-

tières huileuses. On le nomme quand
il est rectifié par ce moyen, Esprit-
de-vin alkoolisé.

L'Esprit-de-vin, même alkoolisé,
n'est cependant point en état de dissoudre toutes les matières huileuses.
Celles que nous avons nommées gommes ne peuvent souffrir avec lui aucune union; mais il dissout facilement
la plupart de celles qui portent le

nom de réfines. Lorfqu'il tient en diffolution une certaine quantité de parties réfineufes, il acquiert plus de confiftence, & forme ce qu'on appelle Vernis à l'efprit-de-vin, ou defficcatif, parcequ'il fe féche promptement. Ce Vernis peut être endommagé par l'eau. On en fait de beaucoup d'efpéces qui différent les unes des autres par les diverfes réfines qu'on emploie, & les proportions. La plupart de ces Vernis font tranfparens & fans couleur.

On diffout dans les huiles, & à l'aide du feu, les bitumes ou réfines fur lefquels l'Efprit-de-vin n'a point d'action, & on en forme une autre efpéce de Vernis que l'eau ne peut altérer. Ces Vernis font ordinairement colorés, & beaucoup plus long à fecher, que ceux à l'efprit-de-vin; ils portent le nom de Vernis gras.

L'Efprit-de-vin a une plus grande affinité avec l'eau, qu'il n'en a avec les matières huileufes; c'eftpourquoi lorfqu'il tient en diffolution quelqu'huile ou quelque réfine, fi on le mêle avec de l'eau, la liqueur fe

LA FER-
MENTA-
TION SPI-
RITUEU-
SE.

LES ES-
PRITS AR-
DENS.

trouble auſſitôt & acquiert une couleur blanche laiteuſe, qui n'eſt dûe
qu'aux parties huileuſes qui ſont ſéparées du menſtrue ſpiritueux par
l'interméde de l'eau, & qui ſont
trop diviſées pour paroître ſous leur
forme naturelle. Mais ſi on laiſſe re-
poſer la liqueur pendant un certain
tems, peu à peu pluſieurs de ces parties ſe joignent les unes aux autres,
& acquièrent aſſés de volume pour
devenir très-ſenſibles à la vue.

Les acides ont de l'affinité avec
l'Eſprit-de-vin, & peuvent ſe combiner avec lui. Ils perdent par cette
union la plus grande partie de leur
acidité; ce qui leur fait donner pour
lors le nom d'acides dulcifiés. Mais
comme de ces combinaiſons des acides, ſur-tout du vitriolique, avec
l'Eſprit-de-vin, il réſulte de nouveaux
produits qui ont des propriétés très-
ſingulières, & que leur examen peut
donner beaucoup de lumières ſur la
nature des Eſprits ardens, il ne ſera
pas inutile d'en faire ici mention, &
de les conſidérer un peu en détail.

Si on mêle une partie d'huile de

vitriol très-concentrée , avec quatre parties d'esprit-de-vin bien déphlegmé , il s'excite d'abord un bouillonnement & une effervescence considérable , accompagnée de beaucoup de chaleur , & d'une grande quantité de vapeurs , dont l'odeur est assés agréable , mais qui sont nuisibles à la poitrine. On entend en même-tems un sifflement , pareil à celui que fait un morceau de fer rouge qu'on plonge dans l'eau. Il convient même de faire ce mélange peu à peu ; car autrement on risque de voir casser les vaisseaux dans lesquels on le fait.

Lorsque les deux liqueurs sont mêlées , si on distille le tout à une chaleur très-douce , il sort d'abord un Esprit-de-vin d'une odeur très-pénétrante & très-agréable. Quand il en a passé environ la moitié , celui qui le suit est d'une odeur plus pénétrante & plus sulphureuse ; il est aussi un peu plus chargé de phlegme. Lorsque la liqueur commence à bouillonner un peu , il passe un phlegme ayant une forte odeur de soufre , & qui devient de plus en plus acide. Sur ce phlegme, furnage une petite quantité d'une huile très-légère & très-limpide. Il refte dans le vaiffeau une fubftance épaiffe, noirâtre & comme réfineufe ou bitumineufe. On peut féparer de cette matière une affés

grande quantité d'acide vitriolique, mais qui eft devenu fulphureux. Ce qui refte après cela eft une maffe noire, comme charboneufe, qui pouffée au feu dans un creufet, laiffe une petite portion d'une terre très-fixe, & même fufceptible de vitrification.

En rectifiant le premier Efprit ardent paffé dans la diftillation, ou bien fi au-lieu de mettre quatre parties de vin contre une d'huile de vitriol avant la diftillation, on met parties égales de l'un & de l'autre; on retire une liqueur très-fingulière, qui diffère effentiellement des huiles & des Efprits ardens, quoiqu'elle leur reffemble en certains points : cette liqueur eft connue en Chymie fous le nom d'Æther. Voici quelles font fes principales propriétés.

L'Æther eft plus léger, plus volatil & plus inflammable que l'Efprit-de-vin le plus rectifié. Il se dissipe très-promptement lorsqu'il est exposé à l'air, & prend feu subitement lorsqu'il se trouve quelque flamme dans son voisinage. Il brule comme l'Esprit-de-vin, sans répandre aucune fumée; & se consume entièrement, sans laisser la moindre apparence de charbon ou de cendres. Il dissout facilement & rapidement les huiles & les matières huileuses. Ces propriétés lui sont communes avec les Esprits ardens. Mais il ressemble aux huiles en ce qu'il n'est point miscible avec l'eau; ce qui le fait différer essentiellement de l'Esprit-de-vin, qui par sa nature est miscible à toutes les liqueurs aqueuses.

L'Æther a encore une propriété très-singulière, c'est d'avoir avec l'or beaucoup d'affinité, & même plus que l'eau régale. Il est vrai qu'il ne dissout pas l'or lorsqu'il est en masse & sous sa forme métallique; mais lorsqu'il est dissous dans l'eau régale, si on ajoute une petite quantité d'Æther, & qu'on agite le tout, l'or se sépare de l'eau régale, & se joint à

LA FER-
MENTA-
TION SPI-
RITUEU-
SE.

LES ES-
PRITS AR-
DENS.

l'Æther, qui le tient pour lors en dif-
solution.

On trouve la raison de tous les
phénoménes dont nous venons de
rendre compte, & qui résultent du
mélange de l'Esprit-de-vin avec l'huile
de vitriol, dans la grande affinité
qu'a cet acide avec l'eau. Car si l'acide vitriolique est foible, & pour ainsi
dire surchargé de parties aqueuses,
on n'obtient ni huile, ni Æther par
son moyen. Mais s'il est très-concentré ; comme il est pour lors en état
d'attirer très-puissamment les parties
de l'eau, lorsqu'on le mêle avec l'Esprit-de-vin, il s'empare de la plus
grande partie de l'eau que celui-ci
contient, même d'une portion de
celle qui est de son essence & qui le
constitue Esprit-de-vin : d'où il arrive
qu'une certaine quantité des parties
huileuses qui le composent se trouvant
séparées des parties aqueuses, & rapprochées, s'unissent les unes aux autres, & paroissent sous leur forme naturelle ; ce qui forme l'huile qui surnage sur le phlegme sulphureux.

L'acide vitriolique épaissit, & brule

même encore une portion de cette huile ; de-là vient ce résidu bitumineux qu'on trouve au fond des vaisseaux après la distillation de notre mélange, qui est semblable à celui qui résulte de l'union de l'acide vitriolique avec les huiles ordinaires. Enfin notre acide devient sulphureux, comme cela lui arrive toujours quand il s'unit avec des matières huileuses, & fort aqueux à cause de la quantité de phlegme qu'il a enlevé à l'Esprit-de-vin.

Pour ce qui est de l'Æther, on peut le regarder comme un Esprit-de-vin extrêmement déphlegmé, & même au point que sa nature en est altérée ; en sorte que le peu de parties d'eau qui lui restent n'étant point en assés grande quantité pour dissoudre & séparer les unes des autres les parties huileuses, celles-ci se rapprochent plus qu'elles ne le sont dans l'Esprit-de-vin ordinaire, & ôtent par ce moyen à cette liqueur la propriété d'être miscible avec l'eau. (a)

(a) M. Hellot a fait sur l'Æther des recherches très-curieuses, dont on peut voir le dé-

LA FER-
MENTA-
TION SPI-
RITUEU-
SE.

LES ES-
PRITS AR-
DENS.

L'Efprit de nitre bien déphlegmé, combiné avec l'Efprit-de-vin, préfente auffi des phénoménes fort finguliers. Premièrement, dans l'inftant même du mélange, il fait avec l'Efprit de vin une effervefcence encore plus forte & plus violente que l'acide vitriolique.

Secondement, on retire de ce mélange, fans le fecours de la diftillation, & en bouchant fimplement la bouteille où font contenues ces liqueurs, une efpéce d'Æther, produit vraifemblablement par les vapeurs qui s'en élévent, & qui furnagent le mélange. Cette liqueur eft très-fingulière. M. Navier, Docteur en Médecine, & correfpondant de l'Académie des Sciences, eft le premier qui l'ait obfervée, & qui en ait donné la defcription. On peut confulter là-deffus les Mémoires de l'Académie.

Troifiémement, il y a quelques Auteurs qui prétendent qu'en diftillant le mélange dont il eft à préfent queft-

rail dans les Mémoires de l'Académie des Sciences.

tion, on retire une huile à peu près semblable à celle dont nous avons fait mention en parlant de la combinaison de l'acide vitriolique avec l'Esprit de vin. D'autres le nient. Je crois que cela dépend du dégré de concentration de l'Esprit de nitre, & de la qualité de l'Esprit-de-vin, qui est quelquefois plus, quelquefois moins huileux.

LA FERMENTATION SPIRITUEUSE.

LES ESPRITS ARDENS.

Quatriémement, nos deux liqueurs, intimement mêlées ensemble par la distillation, forment une liqueur légèrement acide, usitée en Médecine, & connue sous le nom d'Esprit de nitre dulcifié. Ce nom lui convient très-bien, parcequ'effectivement l'acide nitreux perd par son union avec l'Esprit-de-vin presque toute son acidité & sa qualité corrosive.

ESPRIT DE NITRE DULCIFIÉ.

Cinquiémement, enfin, il reste au fond des vaisseaux après la distillation, une matière épaisse & noirâtre, à peu près semblable à celle qu'on trouve après la distillation de l'huile de vitriol & de l'Esprit-de-vin.

On a aussi combiné l'Esprit de sel avec l'Esprit de vin; mais il ne s'unit

S

La Fermenta-tion spi-ritueu-se.

point avec lui auſſi facilement ni auſſi intimement, que les deux acides dont nous venons de parler. Il faut que l'Eſprit de ſel ſoit bien concentré, & fumant, & qu'on emploie de plus le ſecours de la diſtillation, pour les bien mêler. Quelques Anteurs pré-tendent qu'on retire auſſi de ce mé-lange une petite quantité d'huile ; apparemment cela arrive lorſque les liqueurs ont les conditions dont nous venons de parler.

Les Es-prits ar-dens.

Esprit de Sel dulci-fié.

L'acide marin perd auſſi par le moyen de l'union qu'il contracte avec l'Eſprit-de-vin, la plus grande partie de ſon acidité ; ce qui le fait nommer de-même Eſprit de ſel dulcifié. On trouve auſſi après la diſtillation un réſidu épais.

CHAPITRE XIV.

De la Fermentation acide.

ON retire du vin, outre l'eſprit ardent, une grande quantité d'eau, d'huile, de terre, & d'une

espéce d'acide dont nous allons bientôt parler. Quand on a séparé la partie spiritueuse du vin d'avec ces autres substances, il ne s'y fait plus de
changement. Mais lorsque toutes les
parties qui le composent restent combinées ensemble, pour lors la fermentation, au bout d'un certain tems,
plus ou moins long suivant le dégré
de chaleur auquel le vin se trouve
exposé, se renouvelle, ou plutôt parvient à son second dégré. Il s'excite
une seconde fois un trouble & un
mouvement intestin dans la liqueur,
qui se trouve après quelques jours
changée en un acide; mais bien différent de ceux dont nous avons parlé
jusqu'à présent. La liqueur prend pour
lors le nom de Vinaigre.

Il faut observer que le vin n'est
pas la seule substance qui soit susceptible de fermentation acide; plusieurs
matières végétales, & même animales, qui ne sont point propres à la
fermentation spiritueuse, s'aigrissent
avant d'éprouver la putréfaction. Mais
comme ce sont les liqueurs vineuses
qui possèdent éminemment la pro-

priété de subir la fermentation acide, & de produire même les plus forts acides qui puissent résuler de cette fermentation, c'est de leur acide dont nous allons parler particulièrement.

Si on distille du vin qui a subi ce second dégré de fermentation, au-lieu d'en retirer un esprit ardent, on n'en retire qu'une liqueur acide qui se nomme Vinaigre distillé.

Cet acide a les mêmes propriétés que les acides minéraux dont nous avons parlé ; c'est-à-dire, qu'il s'unit avec les sels alkalis, les terres absorbantes & les substances métalliques, & forme avec ces matières des combinaisons salines neutres.

L'affinité qu'il a avec elles, suit le même ordre que celle des acides minéraux avec ces mêmes matières ; mais elle est moins grande ; c'est-à-dire, qu'un acide minéral quelconque peut séparer l'acide du Vinaigre de toutes les matières ausquelles il peut être uni. Il faut pourtant excepter l'acide vitriolique devenu sulphureux, ou notre esprit sulphureux volatil ; qui est moins fort que l'acide du Vinaigre.

Le Vinaigre a auſſi plus d'affinité avec les alkalis, que n'en a le ſoufre : d'où il ſuit qu'il peut décompoſer la combinaiſon du ſoufre avec l'alkali que nous avons nommée foie de ſou- fre, & précipiter le ſoufre qui y eſt contenu.

L'acide du Vinaigre eſt toujours chargé d'une certaine quantité de parties huileuſes qui l'affoibliſſent beaucoup, & lui enlévent une grande partie de ſon activité. C'eſt ce qui eſt cauſe qu'il eſt beaucoup moins fort que les acides minéraux, qui en ſont exempts. On peut en l'en dépouillant, & lui enlevant en même-tems par la diſtillation une grande quantité d'eau dans laquelle il eſt en quelque ſorte noyé, le rapprocher beaucoup de la nature des acides minéraux. Mais ce travail n'a point encore été ſuivi au-tant qu'il mérite de l'être. Il y a outre la diſtillation, un autre moyen de dépouiller le Vinaigre d'une bonne partie de ſon phlegme ; c'eſt de l'ex-poſer à une forte gelée, qui réduit aiſément en glace la partie aqueuſe, tandis que la partie acide conſerve ſa fluidité.

LA FER- MENTA- TION ACI- DE.

Le phlogistique auquel l'acide vitriolique est uni lorsqu'il est soufre, ou esprit sulphureux, altére plus considérablement cet acide que l'huile

LE VINAI- GRE.

n'altére celui du Vinaigre, puisque nous remarquons que cet acide du Vinaigre a plus d'affinité que le soufre avec les alkalis.

LA TERRE FOLIÉE DU TARTRE.

Le Vinaigre combiné jusqu'au point de saturation avec un alkali fixe, forme un sel neutre qui ne se crystalise point ; mais qui évaporé jusqu'à siccité, prend la forme d'une terre feuilletée : ce qui a fait donner à ce composé le nom de Terre foliée, Terre foliée du tartre, ou Tartre régénéré. Lorsque nous parlerons du Tartre, nous verrons la raison de ces dernières dénominations.

SEL DE CO- RAIL, DE PERLES,&c.

On forme aussi avec le Vinaigre, & différentes terres absorbantes, comme les chaux de perles, de corraux, d'écailles, &c. des composés salins neutres, qui prennent le nom des terres qui sont entrées dans leur combinaison.

SEL OU SUCRE DE SATURNE.

Le Vinaigre dissout parfaitement bien le plomb, & le réduit en un sel neutre métallique, qui se cryſtaliſe & a une ſaveur douce & ſucrée. Ce compoſé ſe nomme Sel ou Sucre de ſaturne.

Si on expoſe ſimplement le plomb à la vapeur du Vinaigre, cette vapeur le ronge, le calcine, & le réduit en une matière blanche fort uſitée dans la peinture, & connue ſous le nom de céruſe, ou de blanc de plomb, lorſqu'elle eſt plus fine.

Le Vinaigre ronge auſſi le cuivre, & le réduit en une rouille d'un beau verd uſité auſſi dans la peinture, & qui porte le nom de verd de gris. On ne ſe ſert pourtant point ordinairement du Vinaigre pour faire le verd de gris, mais de vin ou de marc de vin, dont le feu développe des acides analogues à celui du Vinaigre.

Lorſque nous avons parlé des différentes ſubſtances qui compoſent le vin, nous avons fait mention d'une matière acide; mais nous ne ſommes entré dans aucun détail à ſon ſujet, parceque comme cette matière a beaucoup de reſſemblance avec l'acide du Vinaigre, nous avons cru qu'il ſeroit

LA FER-
MENTA-
TION ACI-
DE.

plus à propos de ne rapporter ses propriétés, qu'après avoir parlé de la fermentation acide, & de son produit.

LE TAR-
TRE.

La substance dont il s'agit à présent, est un composé salin qui contient des parties terrestres, huileuses, & sur-tout acides. On la trouve déposée en forme de croutes, qui sont attachées aux parrois intérieurs des vaisseaux qui ont contenu pendant un certain tems des vins, & surtout des vins acides tels que sont ceux d'Allemagne.

Le Tartre en cet état contient une grande quantité de parties terreuses qui lui sont surabondantes & étrangères. On peut l'en dépouiller, en lui faisant éprouver des ébullitions avec une espéce de terre qu'on trouve aux environs de Montpellier (a).

CRESME,
ET CRYS-
TAUX DE
TARTRE.

Il paroît lorsqu'il est purifié, à la superficie de la liqueur, une forme de pellicule blanche & crystaline, qu'on ramasse à mesure qu'elle se forme. Cette matière prend le nom de Crême

(a) Voyez la description de ce travail dans les Mémoires de l'Académie des Sciences.

de Tartre. La même liqueur qui fournit cette Crême, & qui tient en dissolution le Tartre purifié, étant refroidie, fournit une grande quantité de crystaux blancs & demi-transparens, qui se nomment Crystaux de Tartre. La Crême & les Crystaux de Tartre ne sont donc qu'un Tartre purifié, & ne diffèrent l'un de l'autre que par leur figure.

Quoique les Crystaux de Tartre ayent toute l'apparence d'un sel neutre, ils ne le sont cependant point ; car ils ont toutes les propriétés d'un véritable acide, qui ne diffère guères de celui du vinaigre, qu'en ce qu'il contient une moindre quantité d'eau, & une plus grande quantité de terre & d'huile : ce qui lui donne la forme concréte, & en même tems la propriété de ne se dissoudre dans l'eau que très-difficilement. Car pour tenir les Crystaux de Tartre en dissolution, il est nécessaire d'employer une très-grande quantité d'eau ; encore faut-il qu'elle soit bouillante, sans quoi aussitôt qu'elle se refroidit, la plus grande partie du Tartre qu'elle

T

tenoit en dissolution se sépare de la liqueur, & se précipite sous la forme d'une poudre blanche.

Le Tartre calciné à feu nud se décompose. Toutes ses parties huileuses se brulent ou se dissipent en fumée, aussi-bien que la plus grande partie de son acide : l'autre partie de ce même acide s'unit intimement avec sa terre, & forme avec elle un alkali fixe très-fort & très-pur, qu'on nomme Sel de Tartre.

Cet alkali attire puissamment l'humidité de l'air, & se résout en une liqueur alkaline & onctueuse, qu'on appelle improprement Huile de Tartre par défaillance. C'est de cet alkali dont on a coutume de se servir pour faire la Terre foliée, dont nous venons de parler lorsqu'il étoit question du vinaigre ; & c'est pour cette raison qu'on nomme cette combinaison Terre foliée du Tartre ; nom qui lui convient assés.

Il n'en est pas de même de celui de Tartre régénéré qu'on lui donne aussi. A la vérité on rend dans cette occasion à la terre du Tartre un acide huileux très-analogue à celui que le feu lui a enlevé; mais le composé qui en résulte est un sel neutre très-dissoluble dans l'eau; au-lieu que le Tartre est manifestement acide & indissoluble, ou du moins presque indissoluble dans l'eau.

LA FERMENTATION ACIDE.

Les crystaux de tartre combinés avec l'alkali du Tartre, produisent une grande effervescence dans le tems du mélange, comme ont coutume de faire tous les acides; & cette combinaison faite exactement jusqu'au point de saturation, forme un sel parfaitement neutre qui se crystalise, & se dissout facilement dans l'eau : ce qui lui a fait donner le nom de Tartre soluble. On le nomme aussi sel végétal, à cause qu'il est tiré uniquement des végétaux, & Tartre tartarisé, parceque c'est l'acide & l'alkali du Tartre combinés ensemble.

TARTRE SOLUBLE.

SEL VÉGÉTAL, TARTRE TARTARISÉ.

Les crystaux de Tartre combinés avec les alkalis tirés des cendres des plantes maritimes, telles que la soude qui sont semblables à la base du sel marin, forment aussi un sel neutre qui se crystalise bien, & qui se dis-

SEL DE SAIGNETTE.

LA FER- sout facilement dans l'eau. Ce sel est
MENTA- encore une espéce de Tartre soluble.
TION ACI- On le nomme Sel de Saignette, du
DE, nom de son inventeur. Le Sel végétal
& le Sel de Saignette sont des purga-
tifs doux & savoneux, qui sont d'un
grand usage dans la Médecine.

TARTRE Le Tartre dissout aussi les terres
MARTIAL absorbantes, comme la chaux, la
SOLUBLE. craie, &c. & forme avec elles des
sels neutres qui sont dissolubles dans
l'eau. (a) Il attaque même les substances métalliques, & devient soluble lorsqu'il est combiné avec elles.
On prépare pour l'usage de la Médecine un Tartre soluble avec les crystaux de Tartre & le fer, & on donne
au sel métallique qui en résulte, le
nom de Tartre martial soluble.

Il est très-singulier que le Tartre
qui est par lui-même indissoluble dans
l'eau, y soit dissoluble lorsqu'il est
devenu sel neutre, par l'union qu'il a
contractée, soit avec les alkalis, soit
avec les terres absorbantes, ou même

(a) On peut consulter là-dessus les Recherches de M. Duhamel, Mémoires de l'Académie des Sciences.

avec les métaux. On pourroit dire à LA FER-
l'égard des alkalis, qu'ayant une très- MENTA-
grande affinité avec l'eau, ils com- TION ACI-
muniquent au Tartre une partie de la DE.
facilité qu'ils ont de s'unir avec elle ;
mais on ne peut point dire la même
chofe des terres abforbantes & des
fubftances métalliques, que l'eau ne
diffout point, ou du moins qu'elle
ne diffout que difficilement & en petite quantité : cela ne peut être attri-
bué qu'à un différent arrangement de
parties qui nous eft inconnu.

Les autres acides qu'on retire des
végétaux, & même ceux qu'on peut
retirer de quelques fubftances animales, peuvent tous être comparés &
rapportés au Vinaigre ou au Tartre,
fuivant la quantité d'huile & de terre
par lefquels ils font altérés.

Au refte, ces acides n'ont point encore été examinés dans un grand détail. Il y a tout lieu de croire que ce
ne font que les acides minéraux qui
en paffant dans les corps des végétaux, & même des animaux, fouffrent une grande altération, fur-tout
par l'union qu'ils contractent avec les

LA FER-
MENTA-
TION ACI-
DE.
parties huileuſes. Car comme nous avons déja dit à l'occaſion du Vinaigre, en les dépouillant de leur huile, on les rapproche beaucoup de la nature des acides minéraux ; & de-même, en combinant les acides minéraux avec des huiles, on leur donne pluſieurs propriétés des acides végétaux.

CHAPITRE XV.

La Fermentation putride ou la Putréfaction.

LA FER-
MENTA-
TION PU-
TRIDE.
TOUT corps qui a éprouvé les deux dégrés de fermentation dont nous venons de parler ; c'eſt-à-dire, la fermentation ſpiritueuſe & l'acide, abandonné à lui-même & expoſé à un dégré de chaleur convenable, lequel varie ſuivant les ſujets ; paſſe enfin au dernier dégré de la fermentation, c'eſt-à-dire, à la putréfaction.

Il eſt bon d'obſerver avant d'aller plus loin, que l'inverſe de cette propoſition n'eſt point vraie ; c'eſt-à-dire, qu'il n'est point nécessaire qu'un corps passe successivement par la fermentation spiritueuse & acide pour parvenir à la putride, & que de-même qu'il y a des substances qui subissent la fermentation acide, sans avoir éprouvé la spiritueuse, de-même il y en a qui se pourrissent sans avoir auparavant passé par la fermentation spiritueuse, ni par l'acide : telles sont par exemple la plupart des substances animales. Si donc nous avons désigné ces trois espéces de fermentation comme trois dégrés différens d'une seule & même fermentation, ce n'est qu'en supposant qu'elle s'excite dans un corps capable de l'éprouver dans toute son étendue.

On pourroit cependant croire aussi que toute substance susceptible de fermentation passe toujours nécessairement par ces trois différens dégrés ; mais que celles qui y sont le plus disposées, passent si rapidement par le premier & même par le second, qu'elles parviennent au troisième avant qu'on puisse s'appercevoir qu'elles ont subi les premiers. Ce senti-

LA FER-MENTA-TION PU-TRIDE.

ment a quelque vraisemblance ; mais
il n'est point appuyé sur des preuves
assés fortes & assés nombreuses pour
pouvoir être adopté.

Lorsqu'un corps éprouve la putréfaction, on remarque aisément, comme dans les deux espéces de fermentation dont nous venons de parler,
par les vapeurs qui s'en élévent, l'o-
pacité qui y survient, si c'est une liqueur transparente ; souvent même
par un dégré de chaleur assés sensible, qu'il s'excite dans les parties qui
le constituent, un mouvement intestin qui dure jusqu'à ce qu'il soit entièrement putrifié.

L'effet de ce mouvement est, comme dans les deux espéces de fermentation dont nous avons déja parlé,
de déranger l'union & l'assemblage
des parties qui composent le corps où
il s'excite, & de produire une combinaison nouvelle. Cela se fait par
un méchanisme qui nous est inconnu,
& sur lequel on ne peut donner que
des conjectures, que nous négligeons,
pour nous en tenir aux faits ; les seules choses qui soient certaines & po-
sitives en Physique.

Si donc on examine une substance qui a éprouvé la putréfaction, on s'appercevra aisément qu'elle contient un principe qui n'y existoit point avant. En soumettant cette substance à la distillation, on en retire d'abord, à un dégré de feu très-doux, une matière saline extrêmement volatile, & qui affecte l'odorat vivement & désagréablement. Il n'est pas même besoin du secours de la distillation pour s'appercevoir de la présence de ce produit de la putréfaction ; il se fait aisément sentir dans la plupart des substances où il existe, comme il est aisé de s'en convaincre par la différence qu'il y a entre l'odeur de l'urine fraîche & celle de l'urine putrifiée, qui affecte non-seulement l'odorat, mais même picque & irrite aussi les yeux, assés fortement pour en tirer des larmes en abondance.

Ce principe salin produit par la putréfaction, rapproché & séparé des autres principes du corps dont on le tire, se présente, suivant la manière dont on s'y est pris pour l'en séparer, sous la forme d'une liqueur, ou sous

LA FERMENTATION PUTRIDE.

ESPRIT & SEL VOLATIL URINEUX.

celle d'un fel concret. On le nomme
dans le premier cas, efprit volatil
urineux; & dans le fecond, fel volatil
urineux. Ce nom d'urineux lui a été
donné, parceque, comme nous avons
dit, il s'en forme une grande quantité dans l'urine putréfiée, & qu'il

lui communique fon odeur. On le
nomme auffi en général, qu'il foit
concret ou en liqueur, Alkali volatil.
Nous allons voir par l'énumération
de fes propriétés, pourquoi on lui a
donné le nom d'Alkali.

Les Alkalis volatils de quelque
fubftance qu'on les tire, fe reffemblent
tous, & ont les mêmes propriétés. Ils
ne peuvent guères différer que par leur
plus ou moins grand dégré de pureté.
L'Alkali volatil eft compofé, comme
l'alkali fixe, d'une certaine quantité
d'acide combiné & engagé dans une
portion de la terre du mixte dont on
le tire; ce qui eft caufe qu'il a beaucoup de propriétés femblables à celles
de l'Alkali fixe. Mais il entre auffi
dans fa compofition une affés grande
quantité de matière graffe ou huileu-
fe, qui n'entre point dans celle de

l'Alkali fixe ; ce qui est cause qu'il se trouve aussi entre eux beaucoup de différence. La volatilité, par exemple, de l'Alkali produit par la putréfaction, qui est la principale différence qui se trouve entre lui & l'autre espéce d'Alkali dont l'essence est d'être fixe, doit être attribuée à la portion huileuse qu'il contient : car en suivant certains procédés, on parvient à volatiser les Alkalis fixes, par le secours d'une matière grasse.

L'Alkali volatil a beaucoup d'affinité avec les acides ; il se joint à eux avec violence & ébullition, & forme avec eux des sels neutres qui se crystalisent, & qui sont différens suivant l'espéce de l'acide avec lequel on l'a combiné.

Ces sels neutres qui ont pour base un Alkali volatil, se nomment en général Sels ammoniacaux. Celui qui a pour acide l'acide du Sel marin, s'appelle Sel ammoniac. Comme c'est le plus anciennement connu, c'est lui qui a donné son nom aux autres. Ce sel se prépare en grande quantité en Egypte, d'où on nous l'apporte. On le tire de la suie de la bouse de vache qu'on brule en ce païs-là, qui contient du sel marin, de l'Alkali volatil, ou du moins les matériaux propres à le former; & par conséquent tous ceux qui entrent dans la composition du Sel ammoniac. Voyez là-dessus les mémoires de l'Académie des Sciences.

SEL AM-
MONIACAL
NITREUX.
SEL AM-
MONIACAL
VITRIOLI-
QUE.
SEL AM-
MONIACAL
SECRET DE
GLAUBER.

Les Sels neutres formés par la combinaison de l'acide nitreux & de l'acide vitriolique, avec l'Alkali volatil, se nomment du nom de leur acide, Sel ammoniacal nitreux, & Sel ammoniacal vitriolique; ce dernier se nomme aussi Sel ammoniacal sécret de Glauber, du nom de son inventeur.

L'Alkali volatil a donc, par rapport aux acides, la même propriété que l'Alkali fixe; mais il en diffère en ce que l'affinité qu'il a avec ces mêmes acides, est moindre que celle de l'Alkali fixe : d'où il suit que tout Sel ammoniacal peut être décomposé par un Alkali fixe, qui dégagera l'Alkali volatil pour s'emparer de son acide.

L'Alkali volatil décompose tous les sels neutres qui n'ont pas pour base

un Alkali fixe ; c'eſt-à-dire, tous
ceux qui ſont compoſés d'un acide
joint à une terre abſorbante, ou à une
ſubſtance métallique. Il dégage ces
terres ou ces ſubſtances métalliques,
& ſe ſubſtitue à leur place, en ſe joignant à l'acide qui les avoit diſſous,
& forme avec ces acides des Sels ammoniacaux.

On pourroit conclure de-là que
l'Alkali volatil eſt après le phlogiſtique & l'Alkali fixe, la ſubſtance qui a
la plus grande affinité avec l'acide en
général. Cependant cela n'eſt pas exactement vrai. En voici la raiſon : c'eſt
que les terres abſorbantes, & pluſieurs
ſubſtances métalliques, peuvent auſſi
décompoſer les Sels ammoniacaux,
dégager leur Alkali volatil, & former un nouveau compoſé en ſe joignant à leur acide. Cela nous doit faire juger que l'affinité de ces matières
avec l'acide eſt à peu près la même.

Il eſt bon cependant d'obſerver que
l'Alkali volatil décompoſe les ſels neutres qui ont pour baſe des terres abſorbantes & des ſubſtances métalliques,
ſans le ſecours du feu ; au-lieu que les

LA FER-
MENTA-
TION PU-
TRIDE.

L'ALKALI
VOLATIL.

terres absorbantes & les substances métalliques ne décomposent guères les
Sels ammoniacaux, que lorsqu'ils sont
aidés d'un certain dégré de chaleur.

Or comme toutes ces matières sont
extrêmement fixes, du moins en com-
paraison de l'Alkali volatil, elles ont
l'avantage de pouvoir résister au feu,
& d'agir par son moyen, qui est très-
efficace pour faciliter l'action qu'ont
les substances les unes sur les autres ;
au-lieu que l'Alkali volatil qui se
trouve dans les Sels ammoniacaux,
ne pouvant soutenir l'action du feu,
est obligé de quitter son acide, d'autant plus vîte que la présence des substances terreuses & métalliques qui
ont beaucoup d'affinité avec les acides, diminue considérablement celle
qu'il a avec ces mêmes acides.

Ces considérations doivent nous
faire regarder l'affinité de l'Alkali volatil avec les acides, comme un peu
plus grande que celle des terres absorbantes & des substances métalliques.

Les Sels ammoniacaux projettés sur
du nitre en fusion, le font détonner ;
& le Sel ammoniacal nitreux détonne

tout seul , & sans addition d'aucune matière inflammable : effet singulier , qui démontre avec évidence l'existence d'une matière huileuse dans les Alkalis volatils ; car il est certain que le nitre ne peut jamais s'enflammer sans le concours & même l'attouchement immédiat de quelque matière combustible.

La substance huileuse se trouve souvent jointe avec l'Alkali volatil en si grande quantité, qu'elle le déguise en quelque sorte , & le rend extrêmement impur. On peut en enlever le superflu , en distillant plusieurs fois ce sel, sur-tout en le distillant sur des terres absorbantes, qui se chargent volontiers des matières grasses. On appelle cela rectifier l'Alkali volatil. Ce sel ainsi rectifié, de jaunâtre ou noirâtre qu'il étoit avant , devient fort blanc, & contracte une odeur plus pénétrante & moins fœtide qu'il n'avoit d'abord , c'est-à-dire , lorsqu'on l'a retiré par une seule distillation d'une substance putréfiée.

Il est bon de remarquer qu'il ne faut pas pousser trop loin la rectifica-

LA FERMENTATION PUTRIDE.

L'ALKALI VOLATIL.

LA FER-
MENTA-
TION PU-
TRIDE.

L'ALKALI
VOLATIL.

tion de l'Alkali volatil, ou la réitérer un trop grand nombre de fois; car on parvient enfin à le décomposer entièrement par ce moyen, fur-tout fi on emploie les terres abforbantes, & en particulier la chaux; on réduit ce fel en huile, en terre & en eau.

L'Alkali volatil a de l'action fur plufieurs fubftances métalliques, & en particulier fur le cuivre, dont il fait une diffolution d'un très-beau bleu. C'eft de cette propriété que dépend un effet affés fingulier, qui arrive quelquefois, lorfqu'on veut, par le moyen d'un Alkali volatil féparer le cuivre de quelqu'acide avec lequel il eft joint. Au-lieu de voir la liqueur devenir trouble, & le métal fe précipiter, comme cela a coutume d'arriver, lorfqu'on mêle un Alkali quelconque à une diffolution métallique; on eft étonné de voir la diffolution de cuivre dans laquelle on mêle un Alkali volatil, conferver fa limpidité, & de n'appercevoir aucun précipité; ou du moins fi la liqueur fe trouble, ce n'eft que pour un inftant, & elle reprend auffitôt fa transparence.

Cela

Cela vient de ce qu'on a ajouté une quantité d'Alkali volatil plus grande qu'il n'en faut pour saouler entièrement l'acide de la dissolution, & assés considérable pour dissoudre tout le cuivre, à mesure qu'il étoit séparé de l'acide. On remarque dans cette occasion, que la liqueur acquiert une couleur d'un bleu plus foncé qu'elle n'avoit avant ; ce qui vient de ce que l'Alkali volatil a la propriété de faire contracter à ce métal, lorsqu'il se joint avec lui, une couleur bleue plus chargée que toute autre espéce de dissolvant : aussi sert-il comme de pierre de touche, pour découvrir le cuivre par-tout où il est ; car en quelque petire quantité que ce métal se trouve combiné avec d'autres matières, notre Alkali le décéle constamment, & le fait paroître coloré en bleu.

LA FERMENTATION PUTRIDE.

L'ALKALI VOLATIL.

Quoique l'Alkali volatil soit toujours le résultat de la putréfaction, ce n'est pas à dire pour cela qu'il ne puisse jamais être produit que par cette fermentation ; au contraire, la plupart des substances qui contiennent

V

LA FER-
MENTA-
TION PU-
TRIDE.

L'ALKALI
VOLATIL.

des matériaux propres à le former, en
fourniffent une affés grande quantité
dans la diftillation. Le tartre, par
exemple, qui brulé à feu ouvert, fe
change, comme nous avons vu, en
un Alkali fixe, fournit beaucoup
d'Alkali volatil lorfqu'on le décompofe dans les vaiffeaux fermés, c'eft-
à-dire qu'on en fait la diftillation ;
parceque dans ce cas, la partie hui-
leufe ne fe diffipe & ne fe brule pas
comme quand on le calcine à feu ouvert, & a le tems de fe combiner
comme il convient avec une partie de
la terre & de l'acide de ce mixte, pour
former un véritable Alkali volatil.

La preuve que dans cette occafion,
comme dans toutes celles où des corps
non putréfiés fourniffent de l'Alkali volatil, ce Sel eft le produit du
feu ; c'eft que dans ces diftillations,
il ne paffe qu'après qu'une partie du
phlegme, de l'acide, & même de
l'huile épaiffe du mixte, eft fortie : ce
qui n'arrive jamais lorfqu'il eft tout
formé dans les corps qu'on foumet à la
diftillation, tels que font ceux qui ont
fubi la putréfaction ; car ce Sel étant

infiniment plus léger & plus volatil que les substances dont nous venons de parler, les devance pour lors nécessairement dans la distillation.

CHAPITRE XVI.

Idée générale de l'Analyse chymique.

QUoique nous ayons parlé de toutes les substances qui entrent dans la composition des végétaux, des animaux & des minéraux, tant comme principes primitifs, que comme principes secondaires, il ne sera pas hors de propos de rapporter dans quel ordre on retire les principes de ces différens mixtes, sur-tout des végétaux & des animaux, parcequ'ils sont beaucoup plus composés que les minéraux : c'est ce qu'on appelle faire l'analyse d'un mixte.

La méthode dont on se sert le plus souvent pour décomposer les corps, est de les exposer dans des vaisseaux propres à rassembler ce qui s'en exhale à une chaleur graduée, depuis le ter-

LA DISTIL-
LATION.

me le plus doux jusqu'au plus fort. Par ce moyen, les principes se séparent successivement les uns des autres, les plus volatils s'élévent les premiers, & les autres ensuite, à mesure qu'ils éprouvent le dégré de chaleur qui est capable de les enlever, c'est ce qu'on appelle distiller.

Mais comme on s'est apperçu que le feu, en décomposant les corps, altére le plus souvent très-sensiblement leurs principes sécondaires, en les combinant diversement les uns avec les autres, ou même en les décomposant aussi en partie, & les réduisant en principes primitifs, on a imaginé d'autres moyens de séparer ces principes sans le secours du feu.

L'EXPRESSION. Ces moyens sont de faire éprouver aux mixtes qu'on veut décomposer une violente compression, & d'exprimer ainsi tout ce qu'ils peuvent laisser échapper de leur substance par cette méthode : ou bien de triturer long-**LA TRITURATION.** tems ces mêmes mixtes, soit avec de l'eau qui peut leur enlever tout ce qu'ils ont de salin & de savoneux, soit avec des dissolvans capables de se charger

de tout ce qu'ils contiennent d'huileux & de réſineux, tels que ſont les
eſprits ardens.

Nous allons expoſer ſommairement
ce que ces différens moyens peuvent
produire ſur les principales ſubſtances
végétales & animales, & même ſur
quelques minéraux.

Une infinité de ſubſtances végétales, telles que ſont les amandes & les
graines, fourniſſent par une violente
compreſſion, beaucoup d'une Huile
très-douce, très-graſſe, très-onctueu-
ſe, & indiſſoluble dans les eſprits ardens : ces Huiles ſont celles que nous
avons nommées Huiles par expreſſion.
On les nomme auſſi quelquefois Huiles graſſes, à cauſe de leur onctuoſité,
qui ſurpaſſe celle de toutes les autres
eſpéces d'Huile. Comme on retire ces
Huiles ſans le ſecours du feu, on eſt
ſûr qu'elles exiſtoient dans le mixte,
telles qu'on les voit ; & qu'elles n'ont
reçu aucune altération, qu'elles n'auroient pas manqué de recevoir, ſi on
les avoit retirées par la diſtillation ; car
par ce moyen on n'obtient jamais que
des Huiles âcres & diſſolubles dans
l'eſprit-de-vin.

HUILES GRASSES PAR EX-PRESSION.

Quelques matières végétales, telles que font les écorces des citrons, limons, oranges, &c. fourniffent auffi, en les preffant fimplement entre les doigts, une grande quantité d'Huile qui fort en forme de petits jets fort fins, lefquels reçus fur une furface polie, comme celle d'une glace, fe raffemblent, & forment une liqueur qui eft une véritable Huile.

Mais il faut bien remarquer que ces fortes d'Huiles, quoique tirées par la feule expreffion, font pourtant très-différentes de celles dont nous venons de parler, & aufquelles le nom d'Huiles par expreffion eft affecté; car elles font infiniment plus légères, plus tenues, outre cela chargées de toute l'odeur des fruits qui les fourniffent, & diffolubles dans l'efprit-de-vin; en un mot ce font de véritables Huiles effentielles, mais qui exiftent en fi grande quantité dans les fruits dont on les retire, & qui y font placées de façon, occupant une infinité de petites cellules difposées à la fuperficie de ces écorces, que la feule compreffion peut les en féparer; ce qui n'arrive pas à l'égard de la plupart des autres matières végétales qui contiennent de l'Huile essentielle.

Les plantes succulentes & vertes fournissent par la compression une grande quantité d'une liqueur ou suc, qui est composé de la plus grande partie du phlegme, des sels & d'une petite portion de l'huile & de la terre de la plante. Ces sucs exposés dans un lieu frais pendant un certain tems, déposent des crystaux salins, qui font une combinaison de l'acide de la plante avec une partie de son huile & de sa terre, dans laquelle l'acide domine toujours. Ces Sels, comme on le voit, par la description que nous en faisons, ressemblent beaucoup au tartre du vin dont nous avons déja parlé. Ils portent le nom de Sels essentiels ; ainsi le tartre pourroit aussi se nommer le Sel essentiel du vin.

SUCS DES PLANTES TIRÉS PAR EXPRESSION.

LES SELS ESSENTIELS.

Les plantes ligneuses, peu succulentes ou desséchées, ont besoin d'être triturées long-tems avec l'eau, pour donner leurs Sels essentiels. La trituration avec l'eau est un excellent moyen pour tirer d'elles ce qu'elles contiennent de salin & de savoneux.

Les Sels essentiels sont encore une de ces substances qu'on ne peut point retirer des mixtes par la distillation; car ils se décomposent aussitôt qu'ils éprouvent l'action du feu.

L'acide qui domine dans les Sels essentiels des plantes, quoique le plus souvent analogue à l'acide végétal proprement dit, c'est-à-dire, à celui du vinaigre, & du tartre, qui n'est probablement que l'acide vitriolique altéré, en est cependant quelquefois différent, & a de la ressemblance avec l'acide nitreux, ou avec celui du sel marin : cela dépend des endroits où croissent les plantes dont on retire ces Sels. Si ce sont des plantes maritimes, leur acide a du rapport avec celui du Sel marin; si au contraire elles ont crû sur des murs, ou dans des terres nitreuses, leur acide ressemble à celui du nitre. Quelquefois une même plante contient des Sels analogues aux trois acides minéraux : cela fait voir que les acides végétaux ne sont que les acides minéraux qui ont souffert différentes altérations en passant dans les plantes.

Les

Les liqueurs qui contiennent les Sels essentiels des plantes, évaporées par une douce chaleur jusqu'à une consistence épaisse comme du miel, ou même plus grande, se nomment extraits. On voit par-là que l'extrait n'est que le sel essentiel d'une plante chargé de quelques parties huileuses & terreuses qui étoient demeuré suspendues dans la liqueur, & qui sont rapprochées par l'évaporation.

On fait aussi des extraits des plantes, en faisant évaporer de l'eau dans laquelle elles ont bouilli long-tems. Mais ces extraits sont moins parfaits, parceque le feu dissipe beaucoup de parties huileuses & salines.

On ne peut guères tirer des plantes par l'expression & la trituration, que les substances dont nous venons de parler. Mais par le moyen de la distillation, on parvient à en faire une analyse plus complette. Voici quel ordre il faut observer, quand on veut se servir de ce moyen pour tirer d'une plante, les différens principes qu'elle contient.

En l'exposant dans un vaisseau dis-

L'ESPRIT RECTEUR DES PLANTES.

tillatoire, au bain-marie, à une très-douce chaleur, on en retire une eau chargée de toute son odeur. Cette liqueur a été nommée par quelques Chymiftes, & en particulier par l'illuftre M. Boherraave, Efprit recteur.

HUILES ESSENTIELLES PAR LA DISTILLATION.

Si au-lieu de diftiller la plante au bain-marie, on la diftille à feu nud; mais obfervant de mettre une certaine quantité d'eau avec elle dans le vaiffeau diftillatoire, afin qu'elle ne puiffe éprouver un dégré de chaleur plus fort que celui de l'eau bouillante, tout ce que la plante contient d'huile effentielle s'éléve avec cette même eau, & au même dégré de chaleur.

Il faut obferver là-deffus, que quand on a retiré l'Efprit recteur d'une plante, on n'en peut plus retirer d'huile effentielle ; ce qui donne lieu de croire que c'eft cet efprit qui donne la volatilité à ces fortes d'huiles.

FLEGME, ACIDE, HUILE, ALKALI VOLATIL, HUILE NOIRE PAR LA DISTILLATION.

Lorfque cette huile eft paffée, en expofant la plante à feu nud & fans addition d'eau, & augmentant un peu la chaleur, on en retire du phlegme, qui peu à peu devient acide : après quoi, augmentant toujours la chaleur à mesure qu'il en est besoin, il sort une huile plus épaisse & plus lourde; de quelques-unes, de l'Alkali volatil; & enfin une huile noire, fort épaisse, & empyreumatique. Lorsqu'il ne sort plus rien du vaisseau au dégré de feu le plus fort, ce qui reste de la plante n'est qu'un véritable charbon, qui se nomme tête-morte ou terre-damnée; ce charbon brulé se réduit en une cendre dont on retire un Alkali fixe, en la lessivant avec de l'eau.

TESTE-MORTE, OU TERRE-DAMNÉE.

ALKALI FIXE.

Il faut observer que lorsqu'on distille des plantes qui fournissent de l'acide & de l'alkali volatil, on trouve souvent ces deux sels très-distincts, & séparés l'un de l'autre dans le même récipient; ce qui doit paroître singulier, attendu qu'ils sont faits pour s'unir l'un à l'autre, & qu'ils ont ensemble beaucoup d'affinité. La raison de ce phénomène est qu'ils sont chargés de beaucoup d'huile qui les embarrasse, de telle sorte qu'ils ne peuvent se joindre ensemble, & former un sel neutre, comme ils ne manqueroient pas de faire sans cela.

Toutes les matières végétales bru-

lées à feu ouvert & avec flamme, laiffent dans leurs cendres une grande
quantité d'alkali fixe, âcre & cauftique : mais lorfqu'on a foin de les
étouffer à mefure qu'elles brulent ;
d'empêcher qu'elles ne s'enflamment,
en les couvrant de quelque matière
qui rabatte continuellement fur elles
ce qui s'en exhale, le fel qu'on retire
de leurs cendres eft beaucoup moins
âcre & cauftique : ce qui vient de ce
qu'une partie de l'acide & de l'huile
de la plante ayant été retenue dans la
combuftion, & n'ayant pu fe diffiper
librement, s'eft combinée avec fon alkali. Ces fels peuvent fe cryftalifer ;
& étant beaucoup plus doux que les
alkalis fixes ordinaires, peuvent être
employés dans la médecine & pris intérieurement. On les nomme Sels pré-
parés à la manière de Takenius, parcequ'ils font effectivement de l'inven-
tion de ce fameux Chymifte.

SELS PRÉ-
PARÉS A LA
MANIÉRE
DE TAKE-
NIUS.

Les plantes maritimes fourniffent
un alkali fixe, analogue à celui du fel
marin. A l'égard de toutes les autres
plantes, ou fubftances végétales, elles
en fourniffent qui font abfolument

femblables entre eux & de même nature lorfqu'ils font bien faits & bien calcinés.

La dernière remarque que j'ai à faire fur la formation des alkalis fixes, c'eft que fi on a fait infufer ou bouillir dans l'eau la plante dont on en veut tirer, avant de la bruler, on en obtient une bien moindre quantité; & même point du tout, fi on a fait fubir à la plante un affés grand nombre d'ébullitions pour la dépouiller entièrement des parties falines qui concourent avec fa terre à la formation de l'alkali fixe.

Les fubftances animales fucculentes, comme les chairs fraîches, fourniffent par la feule expreffion un Suc ou Jus, qui n'eft autre chofe que le phlegme chargé de tous les principes de la matière animale, à l'exception de fa terre dont il ne contient qu'une petite quantité. Les parties dures ou féches, comme les cornes, les os, &c. fourniffent un fuc femblable, en les faifant bouillir dans l'eau. Ces Jus deviennent épais, collans & gelatineux, lorfqu'on fait évaporer leurs

ANIMAUX.

SUCS, GE-LÉES, EX-TRAITS DES MATIÈRES ANIMALES.

parties aqueuſes : ils ſont en cet état de véritables extraits des matières animales. Ces Sucs ne dépoſent point de cryſtaux de Sel eſſentiel , comme ceux qui ſont tirés des végétaux.

HUILE A-
NIMALE.

On ſépare aiſément ſans le ſecours du feu , une bonne partie de l'huile de la chair des animaux , qui eſt en quelque ſorte diſtincte : elle eſt ordinairement figée , & porte le nom de graiſſe. Cette Huile a quelque reſſemblance avec les Huiles graſſes des végétaux ; elle eſt comme elles douce onctueuſe , indiſſoluble dans l'eſprit de vin , ſe ſubtiliſe & s'atténue par l'action du feu. Mais les matières animales ne contiennent point , comme les végétales , d'huile légère & eſſentielle qui s'élève à la chaleur de l'eau bouillante ; en ſorte qu'il n'y a à proprement parler dans les animaux qu'une ſeule eſpéce d'huile.

ACIDE A-
NIMAL.

Il y a peu de matières animales qui fourniſſent de l'acide. Les fourmis & les abeilles ſont preſque les ſeules, deſquelles on en retire ; encore la quantité en eſt-elle petite , & cet acide eſt-il extrêmement foible.

La raifon de cela eft que comme les animaux ne tirent pas immédiatement leur nourriture de la terre ; mais qu'ils ne fe nourriffent que de végétaux ou de la chair des autres animaux, les acides minéraux qui ont déja éprouvé une grande altération par l'union qu'ils ont contractée avec les matières huileufes du régne végétal , éprouvent encore une union & une combinaifon plus intime avec les parties huileufes , en paffant par les organes & les couloirs des animaux ; ce qui détruit leurs propriétés , ou du moins les émouffe de façon qu'elles font méconnoiffables.

Les matières animales fourniffent dans la diftillation , d'abord du phlegme , enfuite en augmentant le feu , une Huile affés claire , qui devient de plus en plus épaiffe, noire, fœtide & empyreumatique. Elle eft accompagnée d'une grande quantité d'alkali volatil , & quand on a pouffé le feu jufqu'à ce qu'il ne puiffe plus rien enlever, il refte dans le vaiffeau diftillatoire un charbon femblable à celui des végétaux ; excepté cependant

HUILE FŒTIDE.

ALKALI VOLATIL.

que lorsqu'il est réduit en cendres, on
n'en retire point d'alkali fixe, ou du
moins presque point, comme de celles
des végétaux : ce qui vient de ce que,
comme nous l'avons dit, le principe
salin des animaux étant plus intimement uni avec l'huile, que celui des
plantes, & par conséquent plus atté-
nué & plus subtilisé, n'a pas assés de
fixité pour entrer dans la combinaison de l'alkali fixe, & se trouve au
contraire plus disposé à entrer dans
celle de l'alkali volatil, qui dans
cette occasion ne s'élevant qu'après
l'huile, ne peut être méconnu pour
l'ouvrage du feu. Il faut observer que
depuis que nous parlons de l'Analyse,
il n'a été question que des matières qui
n'ont éprouvé aucune espéce de fermentation.

LE CHYLE
ET LE LAIT.
　　　Le chyle & le lait des animaux qui
se nourrissent de plantes, ressemblent
encore aux végétaux, parceque les
principes dont ces liqueurs sont composées n'ont point encore subi tous
les changemens qui doivent leur arriver avant d'entrer dans la combinaison animale.

L'urine & la sueur sont des liqueurs aqueuses *excrémentielles*, qui
sont principalement chargées des parties salines qui ne peuvent servir à la
nourriture de l'animal, & qui passent
dans ses couloirs sans recevoir d'altération, tels que sont les Sels neutres qui ont pour base un alkali fixe,
& en particulier le Sel marin, qui se
trouve dans les alimens que prennent
les animaux ; soit qu'il y existe naturellement, comme dans certaines plantes, soit que ces mêmes animaux
l'ayent mangé pour flatter leur gout.

La salive, le suc pancréatique, &
sur-tout la bile, sont des liqueurs sa-
voneuses, c'est-à-dire, composées de
parties salines & huileuses, combinées ensemble de telle sorte qu'étant
dissoutes elles-mêmes dans un fluide
aqueux, elles sont capables de dissoudre aussi les parties huileuses, & de
les rendre miscibles avec l'eau.

Enfin, le sang étant le réceptacle
de toutes ces liqueurs, participe de
leur nature, plus ou moins, à proportion de la quantité qu'il en contient.

Il n'en est point des minéraux com-

L'URINE ET
LA SUEUR.

LA SALI-
VE, LE SUC
PANCRÉA-
TIQUE ET
LA BILE.

LE SANG

LES MINÉ-
RAUX.

me des végétaux & des animaux, ils
font beaucoup moins composés que
ces corps organisés, & leurs principes
font beaucoup plus simples ; d'où il
suit qu'ils sont aussi plus difficiles à
décomposer, & qu'on ne peut guères
le faire sans le secours du feu, qui
n'ayant pas sur leurs principes la même action & la même puissance,
n'a pas aussi à leur égard les mêmes
inconvéniens qu'à l'égard des corps
organisés ; je veux dire d'altérer ou
même de détruire entièrement ces
mêmes principes.

Je ne parle point ici des terres pures, & vitrifiables ou réfractaires, des
métaux & demi-métaux simples, des
acides purs, ni même de leurs plus
simples combinaisons, telles que sont
le soufre, le vitriol, l'alun, le sel
marin ; nous avons parlé suffisamment
de toutes ces substances.

Il s'agit actuellement de corps
moins simples, & par conséquent plus
susceptibles d'analyse. Ces corps sont
des amas & des combinaisons de ceux
que nous venons de nommer ; c'est-
à-dire, des substances métalliques qui

se trouvent unies dans les entrailles de la terre avec différentes espéces de sables, de pierres & de terres, des demi-métaux, du soufre, &c. Ces composés se nomment Mines, lorsque la matière métallique est avec les autres en telle proportion, qu'on peut l'en séparer avec fruit & gain : quand c'est le contraire, on les nomme Pyrites & Marcassites, sur-tout si c'est le soufre & l'arsénic qui dominent, comme cela arrive le plus souvent.

Lorsqu'on veut faire l'analyse d'une Mine, & en retirer le métal qu'elle contient, il faut commencer par la débarrasser d'une grande quantité de terres & de pierres, qui ne lui sont ordinairement unies que grossièrement & superficiellement. Cela se fait en réduisant la mine en poudre, & la lavant ensuite dans de l'eau, au fond de laquelle les parties métalliques se rassemblent, comme les plus lourdes, tandis qu'elle est encore chargée des petites parties terreuses & pierreuses qui s'y soutiennent plus long-tems.

La partie métallique demeure par ce moyen combinée feulement avec les matières qui font capables de contracter avec elle une union plus intime. Ces fubftances font le plus fouvent le foufre & l'arfénic. Or comme elles font beaucoup plus volatiles que les autres matières métalliques, en expofant ces Mines à un dégré de chaleur convenable, on parvient à les faire diffiper en vapeurs, ou même à confumer le foufre par la combuftion. Ces vapeurs fulphureufes & arfénicales peuvent être retenues, & raffemblées dans des vaiffeaux, ou dans des lieux convenables, fi on eft curieux de les avoir feules. Cette opération fe nomme la torréfaction des Mines.

Enfin, le métal ainfi dépuré eft en état d'être expofé à un feu plus violent, capable de le faire entrer en fufion.

Il eft néceffaire dans cette occafion, pour les demi-métaux & les métaux imparfaits, d'ajouter quelque matière abondante en phlogiftique, particulièrement le charbon pulvérifé, parceque ces fubftances métalliques perdant leur phlogiſtique par l'action du feu , ou des diſſolvans qui leur étoient unis , ne pourroient prendre leur brillant & leur ductilité métallique ſans cette précaution. Il ſe fait pour lors une ſéparation plus exacte de la ſubſtance métallique d'avec les parties terreuſes & pierreuſes , dont il reſte toujours une certaine quantité de combinée avec elle avant ce tems. Car nous avons dit qu'il n'y a que les verres & chaux métalliques qui puiſſent contracter union avec ces matières,& que les métaux pourvus de leur phlogiſtique & de leur forme métallique en ſont abſolument incapables.

FUSION ET PRÉCIPITATION DES MINES.

Le métal donc , dans cette occaſion, ſe raſſemble & occupe le fond du vaiſſeau comme étant plus péſant, tandis que les matières hétérogênes le ſurnagent ſous la forme de verre ou de demi-vitrification. Les matières ſurnageantes prennent le nom de ſcories, & la ſubſtance métallique du fond celui de régul.

SCORIES; RÉGUL.

Il arrive ſouvent que le régul métallique ainſi précipité , eſt lui-même un compoſé de pluſieurs métaux alliés

enfemble , & qu'il s'agit de féparer.
Nous ne pouvons entrer maintenant
dans ce détail , que nous réfervons
pour la feconde Partie de ce Traité ,
dont on peut voir d'ailleurs tout le
fondement , dans ce que nous avons
dit des propriétés des différens métaux
& des acides.

Il eft bien important de remarquer ,
avant de quitter cette matière , que
les régles que nous venons de donner
pour l'analyfe des Mines ne font
point abfolument générales. Souvent,
par exemple, il eft utile de faire fubir
aux Mines la torréfaction avant la
laution, parceque le feu ouvre, atténue , & rend aifément friables des
Mines qui exigeroient beaucoup de
peines & de dépenfes à caufe de leur
extrême dureté , fi on entreprenoit
de les pulvérifer avant de les avoir
torréfiées.

Souvent auffi il eft néceffaire de ne
féparer qu'une partie de la pierre de
la Mine ; de la lui laiffer entièrement ;
quelquefois même d'y en ajouter de
nouvelle , avant de la mettre en fufion. Cela dépend de la qualité & de

la nature de la pierre, qui est toujours très-utile à la fusion, quand elle se trouve elle-même très-fusible & très-vitrifiable. Elle se nomme pour lors le fondant de la Mine. Mais il en est de cet article comme du précédent, il nous suffit actuellement d'énoncer les principes fondamentaux sur lesquels sont appuyés les raisons de tous les procédés, & les opérations chymiques dont la description fera le sujet de la seconde Partie.

FONDANS DES MINES.

On trouve encore dans les entrailles de la terre une autre espéce de corps assés composé, dont nous avons déja dit quelque chose ; mais qu'on soupçonne avec vraisemblance appartenir autant au régne végétal, qu'au minéral ; je veux parler des Bitumes, que les meilleures observations doivent nous faire regarder comme des huiles végétales, qui ayant séjourné dans la terre, ont contracté union avec les acides minéraux, & ont acquis par ce moyen l'épaississement, la consistence & les propriétés qu'on leur connoît.

LES BITUMES.

Ils se réduisent par la distillation en huile & en acide qui approche des minéraux. M. Bourdelin, Membre de l'Académie Royale des Sciences & de la Faculté de Médecine de Paris, a même démontré par un procédé très-adroit & très-ingénieux, que le fuccin contient de l'acide du fel marin. Voyez les Mémoires de l'Académie Royale des Sciences.

CHAPITRE XVII.

Explication de la Table des Affinités.

TABLE DES AFFINITÉ'S. NOUS avons vu dans le cours de cet Ouvrage, que prefque tous les phénoménes que préfente la Chymie, font fondés fur les affinités qu'ont enfemble les différentes fubftances, fur-tout celles qui font les plus fimples. Nous avons expliqué, (ci - devant Chapitre II.) ce que nous entendons par affinités, & nous avons donné les principales régles aufquelles font foumis ces rapports des différens corps. Feu M. Geoffroi, Docteur en Médecine de la Faculté de Paris, Membre de l'Académie des Sciences,

Sciences, & un des meilleurs Chymistes que nous ayons eu, convaincu
de l'utilité qu'il y auroit pour ceux
qui cultivent la Chymie, d'avoir
toujours présens à l'esprit les rapports
les mieux constatés des principaux
Agens Chymiques, a imaginé le premier de les mettre en ordre, & de
les réunir sous un seul point de vue,
par le moyen d'une Table qui les ras-
semble tous. Nous croyons, comme
ce grand homme, que cette Table est
très-utile à ceux qui commencent à
apprendre la Chymie, pour se former une idée juste du rapport que les
différentes substances ont les unes
avec les autres; & que les Chymistes
y trouveront une méthode aisée pour
découvrir ce qui se passe dans plusieurs de leurs opérations difficiles à
démêler, ainsi que ce qui doit résulter des mélanges qu'ils font de différens corps mixtes. C'est pour cette
raison que nous nous sommes déterminés à l'insérer à la fin de ce Traité
élémentaire, & à en donner une cour-
te explication : elle aura même encore ici l'utilité de servir comme de

récapitulation de tout l'Ouvrage, dans lequel les axiomes de cette Table se trouvent dispersés.

Je la donne ici telle qu'elle a été dressée par M. Geoffroi, sans y faire aucune addition ni changement, dont j'avoue cependant qu'elle est susceptible, attendu que depuis la mort de ce grand Chymiste on a fait beaucoup d'expériences, dont les unes indiquent de nouvelles affinités, & les autres forment des exceptions à quelques-unes de celles qu'il avoit établies. Mais plusieurs raisons m'engagent à ne point donner ici une nouvelle Table d'Affinités, contenant tous les changemens & innovations qu'on pourroit faire à l'ancienne.

La première, c'est qu'une bonne partie de ces Affinités nouvellement découvertes, ne sont pas encore assés bien constatées; qu'elles sont au contraire sujettes à des discussions; en un mot exposées à des objections & à des exceptions peut-être encore plus considérables que les anciennes.

La seconde, c'est que la Table de M. Geoffroi contenant presque toutes les Affinités fondamentales, convient mieux dans un Traité élémentaire, qu'une Table beaucoup plus ample, qui supposeroit nécessairement la connoissance de beaucoup de choses dont nous n'avons pu parler, & dont même il ne convenoit pas de rien dire dans ce Livre.

Cependant, comme il est essentiel de n'induire personne en erreur, nous ne laisserons pas, à mesure que nous expliquerons les Affinités indiquées par M. Geoffroi, de faire mention des principales objections & exceptions dont elles sont susceptibles; nous en ajouterons aussi un très-petit nombre de nouvelles, & seulement de celles qui sont élémentaires, & les mieux constatées.

La première ligne de la Table de M. Geoffroi comprend différentes substances qu'on emploie en Chymie. Au-dessous de chacune de ces substances, sont rangées par colonnes différentes matières comparées avec elles, dans l'ordre de leur rapport avec cette première substance ; en sorte que celle qui en est la plus proche est celle qui y a le plus de rapport, ou celle qu'aucune des substances qui sont au-dessous ne sauroit en détacher, mais qui les détache toutes lorsqu'elles y sont jointes, & les écarte pour s'unir à elle. Il en est de-même de celle qui occupe la seconde place d'Affinité; c'est-à-dire, qu'elle a la même propriété à l'égard de toutes celles qui sont au-dessous d'elle, & qu'elle ne le céde qu'à celle qui est au-dessus, & ainsi de toutes les autres.

On voit à la tête de la première colonne le caractère qui désigne l'Acide en général. Immédiatement au-dessous de ce signe, on voit celui de l'Alkali fixe, qui a été placé là comme la substance qui a avec l'Acide la plus grande affinité. Après l'Alkali fixe, on voit l'Alkali volatil, dont l'affinité avec l'Acide ne le céde qu'à l'Alkali fixe. Ensuite viennent les Terres absorbantes; & enfin les Substances métalliques. De-là il suit qu'un Alkali fixe uni à l'Acide, ne peut en être séparé par aucune autre substance; qu'un Alkali volatil uni à l'Acide, ne peut en être séparé que par l'Al-kali fixe ; qu'une Terre absorbante combinée avec un Acide, peut en être séparée par un Alkali fixe ou volatil ; qu'enfin une Substance métallique quelconque, combinée avec un Aci-de, peut en être séparée par les Al-kalis fixes & volatils, & par les Terres absorbantes.

Il y a plusieurs remarques impor-tantes à faire sur cette première co-lonne. Prémièrement il est trop géné-ral de dire qu'un Acide quelconque a avec l'Alkali fixe plus d'affinité qu'a-vec aucune autre substance : aussi M. Geoffroi a-t-il fait une exception pour l'Acide vitriolique ; & l'on voit à la quatriéme colonne, à la tête de la-quelle se trouve cet Acide, le signe du Phlogistique placé au-dessus de ce-lui de l'Alkali fixe, comme ayant plus de rapport avec l'Acide vitriolique que l'Alkali fixe. Cela est fondé sur la fameuse expérience, suivant la-quelle on décompose le Tartre vi-triolé & le Sel de Glauber par l'inter-méde du Phlogistique, qui sépare les Alkalis fixes de ces Sels neutres, &

s'unit avec l'Acide vitriolique qu'ils contiennent, pour former du soufre.

Secondement, la détonnation & la décomposition du Nitre, par le contact d'une matière inflammable quelconque actuellement embrasée, & l'opération par laquelle on fait le Phosphore, qui n'est qu'une décomposition du Sel marin dont l'Acide quitte sa base alkaline pour se combiner avec le Phlogistique, fournissent des motifs très-forts de croire que ces deux Acides ont, aussi-bien que le vitriolique, une plus grande affinité avec le Phlogistique, qu'avec les alkalis fixes. Enfin, plusieurs expériences indiquant que les Acides végétaux ne sont que les minéraux déguisés & affoiblis, on peut soupçonner avec assés de fondement, que l'Acide en général a plus de rapport avec le Phlogistique qu'avec les Alkalis fixes; & qu'ainsi, au-lieu de faire une exception pour l'Acide vitriolique, il feroit peut-être mieux d'établir cette affinité comme générale par rapport à un Acide quelconque, & de placer dans la première colonne le signe du

Phlogiftique, immédiatement au-deffous de celui de l'Acide. Cette théorie
demande cependant à être confirmée
encore par d'autres expériences. (a)

Troifiémement, dans cette même
colonne, le figne de l'Alkali volatil
eft placé au-deffus de celui des Terres
abforbantes, comme ayant plus d'affinité qu'elles avec l'Acide ; & cependant ces mêmes Terres abforbantes
décompofent les Sels ammoniacaux,
détachent l'Alkali volatil des acides,
& fe fubftituent à leur place. Cette
objection eft une des premières qu'on
ait faites contre la Table de M. Geoffroi. Il y a répondu par un Mémoire
imprimé dans le volume de ceux de
l'Académie des Sciences, où fe trouve
fa Table ; c'eft celui de l'année 1718.

(a) M Margraaf fçavant Chymifte Alle-
mand, a fait plufieurs expériences qui lui font
croire que l'Acide du phofphore eft d'une efpéce particulière, & différe de celui du Sel
marin. Peut-être eft-ce l'Acide marin, mais
altéré par l'union qu'il a contractée avec le
Phlogiftique, & eft-il à l'égard du phofphore
ce qu'eft l'Efprit fulphureux volatil par rapport au Soufre. Voyez les Mémoires de l'A-
cadémie Royale des Sciences de Berlin.

Nous avons déclaré en traitant de l'Alkali volatil, ce que nous penfons là-deffus.

Quatriémement, M. Geoffroi, Membre de l'Académie des Sciences, frère de l'Auteur de la Table des Affinités, & qui ne fait pas moins d'honneur à la Chymie que cet illuftre Médecin, a donné en 1744. un Mémoire qui contient une exception à la dernière des affinités de notre première colonne ; je veux dire celle qui place les Terres abforbantes au-deffus des Subftances métalliques. Il a fait voir dans ce Mémoire, que l'Alun peut être converti en Vitriol de mars, en le faifant bouillir dans des vaiffeaux de fer ; que le fer précipite la terre de l'alun dans cette occafion, la fépare de l'acide, & fe fubftitue à fa place; & par conféquent paroît avoir plus d'affinité avec l'Acide vitriolique, que la Terre abforbante de l'alun.

A la tête de la feconde colonne, on voit le figne de l'Acide marin, qui dénote que c'eft des affinités de cet acide qu'il eft queftion dans cette colonne. Immédiatement au-deffous, eft

est placé le signe de l'Etain. Comme
c'est une substance métallique, & que
les substances métalliques sont placées les dernières en affinités, dans
la première colonne qui exprime celles d'un Acide quelconque, il est clair
qu'il faut supposer ici au-dessus du
signe de l'Etain, les Terres absorbantes, les Alkalis volatils, & les Alkalis fixes. L'Etain est donc de toutes
les substances métalliques, celle qui
a la plus grande affinité avec l'Acide
marin, ensuite le Régul d'Antimoine, puis le Cuivre, l'Argent, & le
Mercure. L'Or est placé le dernier de
tous, & même il y a deux cases de
vacantes au-dessus de lui. Il est en
quelque sorte par ce moyen hors du
rang des substances qui ont affinité
avec l'Acide marin. La raison de cela
est que cet Acide seul est incapable de
dissoudre l'Or, & de se combiner avec
lui ; il a besoin nécessairement de l'a-
cide nitreux, ou au moins du phlogistique pour y parvenir.

La troisième colonne représente
les affinités de l'Acide nitreux. Le signe qui le désigne se trouve à la tête.

Immédiatement au-deffous , fe trouve celui du Fer, comme celui de tous les métaux qui a la plus grande affinité avec cet Acide , puis d'autres métaux, fuivant l'ordre de leur rapport ; favoir le Cuivre , le Plomb, le Mercure & l'Argent. On doit fuppofer dans cette colonne , comme dans la précédente , les fubftances qui font au-deffus des matières métalliques dans la première colonne , placées fuivant leur ordre avant le Fer.

La quatriéme colonne eft deftinée à exprimer les affinités de l'Acide vitriolique. Ici M. Geoffroi a placé le Phlogiftique , comme la fubftance qui a la plus grande affinité avec cet Acide , par la raifon que nous en avons donnée en expliquant la première colonne. Il a placé au-deffous , les alkalis fixes , volatils & les terres abforbantes , pour marquer que c'eft une exception à cette première colonne. A l'égard des fubftances métalliques , il n'en a mis que trois , qui font celles avec lefquelles l'Acide vitriolique a les affinités les plus marquées : ces métaux font fuivant l'ordre de leur rapport, le Fer, le Cuivre & l'Argent.

Il est question dans la cinquième colonne des affinités des Terres absorbantes. Comme ces Terres n'ont d'affinités marquées qu'avec les Acides, on voit ici simplement les signes des Acides, placés suivant leur dégré de force, ou leur plus grande affinité avec les terres ; savoir l'Acide vitriolique, le nitreux & le marin. On pourroit placer au-dessous de celui-ci, le signe de l'Acide du Vinaigre ou des Acides végétaux.

La sixième colonne représente les affinités des Alkalis fixes avec les Acides, qui sont les mêmes que celles des Terres absorbantes. On y trouve de plus le Soufre placé au-dessous de tous les Acides, parceque le Foie de Soufre, qui est une combinaison du Soufre avec un Alkali fixe, est effectivement décomposé par un Acide quelconque, qui précipite le Soufre, & se joint avec l'Alkali.

On pourroit placer ici, immédiatement au-dessus du Soufre, ou dans la même case que lui, un signe qui défignât l'Esprit sulphureux volatil, parcequ'il a, de-même que le Soufre, moins d'affinité avec les Alkalis fixes que tout autre acide. On pourroit aussi placer les Huiles à côté du Soufre, parcequ'elles s'unissent aux Alkalis fixes, & forment avec elles des savons, qui sont décomposés par un acide quelconque.

La septiéme colonne exprime les affinités des Alkalis volatils : elles sont les mêmes que celles des terres absorbantes. On pourroit aussi par la même raison, placer au-dessous de l'Acide marin les Acides végétaux.

La huitiéme colonne expose les affinités des Substances métalliques avec les Acides. Ici l'ordre des rapports des Acides qui s'est trouvé le même pour les alkalis fixes, les alkalis volatils & les terres absorbantes, se trouve dérangé. L'Acide marin, au-lieu d'être placé au-dessous des Acides vitriolique & nitreux, se trouve au contraire le premier en tête, parcequ'effectivement cet acide sépare les Substances métalliques de tous les autres acides avec lesquels elles peuvent être jointes, & prend la place de ces acides auſquels il fait quitter priſe. Cette régle n'eſt pourtant pas générale; il faut en excepter pluſieurs Subſtances métalliques, ſur-tout le Fer & le Cuivre.

On voit dans la neuviéme colonne les affinités du Soufre. L'Alkali fixe, le Fer, le Cuivre, le Plomb, l'Argent, le Régul d'Antimoine, le Mercure & l'Or, ſont placés au-deſſous de lui, ſuivant l'ordre de leurs affinités. Il faut remarquer à l'égard de l'Or, qu'il ne peut s'unir avec le Soufre pur, & qu'il ne ſe laiſſe diſſoudre que par le Foie de Soufre, qui eſt comme on ſait une combinaiſon de Soufre & d'Alkali fixe.

A la tête de la dixiéme colonne ſe trouve le Mercure, & au-deſſous de lui différentes ſubſtances métalliques, ſuivant l'ordre de leurs affinités avec lui. Ces ſubſtances métalliques ſont l'Or, l'Argent, le Plomb, le Cuivre, le Zinc, & le Régul d'Antimoine.

Il eſt bon d'obſerver au ſujet de cette colonne, que le Régul d'Antimoine, qui y eſt placé le dernier,

Z iij

ne s'unit que très-imparfaitement avec le Mercure, & que lorsqu'on est parvenu à faire contracter une union apparente à ces deux substances métalliques, en les triturant long-tems ensemble, & y ajoutant de l'eau, cette union n'est pas de longue durée. Elles se séparent d'elles-mêmes l'une de l'autre quelque tems après. On ne trouve point ici le Fer & l'Etain; le premier, avec raison, car jusqu'à présent il n'y a aucune expérience connue par laquelle il soit constant qu'on ait combiné le Mercure avec ce métal. Mais il n'en est pas de-même de l'Etain, qui s'amalgame fort bien avec le Mercure, & qui pourroit être dans cette colonne, environ entre le Plomb & le Cuivre. Je dis environ, car les différens dégrés d'affinités des substances métalliques avec le Mercure ne sont pas si bien déterminés, que les autres rapports dont nous avons parlé jusqu'à présent; attendu qu'elles s'unissent avec lui pour la plupart, sans s'exclure les unes les autres. On ne peut donc guères juger de leur dégré d'affinité, que par la facilité plus ou moins grande qu'elles ont à s'amalgamer avec lui.

La onziéme colonne, marque que l'affinité du Plomb est plus grande avec l'Argent qu'avec le Cuivre.

La douziéme, que celle du Cuivre est plus grande avec le Mercure qu'avec la Pierre calaminaire.

La treiziéme, que celle de l'Argent est plus grande avec le Plomb qu'avec le Cuivre.

La quatorziéme contient les affinités du Fer. Le Régul d'Antimoine est placé immédiatement au-deſſous, comme la ſubſtance métallique qui a la plus grande affinité avec lui. On voit au-deſſous du Fer, dans la même caſe, l'Argent, le Cuivre & le Plomb, parceque les dégrés d'affinités de ces métaux avec le Fer ne ſont pas abſolument bien déterminés.

Il en eſt de-même de la quinziéme colonne, le Régul d'Antimoine eſt à la tête; le Fer eſt immédiatement au-deſſous, & les trois mêmes métaux dans une même caſe, au-deſſous du Fer.

Enfin, la ſeiziéme indique que

TABLE
DES AFFI-
NITE'S.

AFFINITÉS
DU PLOMB.

DU CUI-
VRE.

DE L'AR-
GENT.

DU FER.

DU RÉGUL
D'ANTI-
MOINE.

DE L'EAU.

l'Eau a plus d'affinité avec l'Esprit-
de-vin qu'avec le Sel. Par cette expression générale, il ne faut point entendre une substance saline quelconque ; mais seulement les Sels neutres,
que l'Esprit-de-vin sépare d'avec l'Eau
qui les tient en dissolution. Les Alkalis fixes, au contraire, & les Acides minéraux ont plus d'affinité avec
l'Eau que l'Esprit-de-vin. Ces substances salines bien déphlegmées &
mêlées avec l'Esprit-de-vin, se chargent de l'eau qu'il contient, & le dé-
phlegment lui-même.

On pourroit encore ajouter une
petite colonne, à la tête de laquelle
seroit l'Esprit-de-vin ; immédiatement au-dessous seroit le signe de
l'Eau, & après l'Eau, le signe de
l'Huile. Cette colonne indiqueroit
que l'Esprit-de-vin a plus d'affinité
avec l'Eau qu'avec les Huiles, parcequ'effectivement une matière huileuse quelconque, que l'Esprit-de-vin
tient en dissolution, peut en être séparée par le moyen de l'Eau. Il n'y a
d'exception à cette loi que dans un
seul cas, qui est celui où la substance

huileuſe participeroit de la nature du   TABLE
ſavon , par l'union qu'elle auroit DES AFFI-
contractée avec une matière ſaline.   NITE'S.

Voilà ce que nous avons à dire de
plus important ſur la Table des Affinités de M. Geoffroi. Elle eſt , comme
nous avons dit, d'une très-grande utilité , pour raſſembler ſous un ſeul
point de vue les principales vérités
énoncées dans ce Traité.

Il ſera même très-avantageux de ne
pas attendre qu'on l'ait entièrement
lu pour la conſulter , mais d'y avoir
recours en le liſant , chaque fois qu'il
ſera queſtion de quelque affinité. Elle
la fixera en quelque ſorte encore
mieux dans la mémoire , en la repré-
ſentant aux yeux.

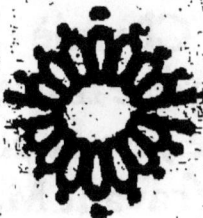

CHAPITRE XVIII.

Théorie de la construction des vaisseaux les plus usités en Chymie.

LES VAIS-
SEAUX.

LEs Chymistes ne peuvent pratiquer les opérations de leur Art sans le secours d'un assez grand nombre de vaisseaux, d'instrumens & de fourneaux, propres à contenir les corps sur lesquels ils veulent opérer, & à leur appliquer les différens dégrés de chaleur nécessaires pour les différens procédés ; il est donc à propos, avant de donner le Traité des Opérations, d'entrer dans quelque détail, sur ce qui regarde les instrumens avec lesquels on les exécute. L'illustre M. Boerrhaave a divisé le Livre qu'il a donné sur la Chymie en deux parties, dont la première traite de la théorie, & la seconde, de la pratique de cette Science. Le sçavant M. Cramer a partagé de-même l'excellent Traité qu'il a composé sur la Docimasie. Ces deux grands hommes ont renfermé dans la

partie théorique, tout ce qui con-
cerne la description des instrumens
chymiques, & cela par la raison que
nous venons d'en donner. Nous ne
croyons donc pouvoir mieux faire,
puisque notre Ouvrage se trouve divisé comme le leur, de les imiter aussi
en cette partie.

Les vaisseaux qui servent aux opérations chymiques devroient pour
être parfaits pouvoir éprouver sans se
casser, une grande chaleur & un grand
froid appliqués subitement, être im-
pénétrables à toute matières & n'être
altérables par aucuns dissolvans, être
invitrifiables, & pouvoir supporter la
plus violente chaleur sans entrer en
fusion ; mais jusqu'à présent on ne
connoît point de vaisseaux qui rassemblent toutes ces qualités.

On en fait avec plusieurs matières,
savoir avec des métaux, du verre,
& des terres. Les vaisseaux de métal,
sur-tout ceux qui sont faits de fer
ou de cuivre, sont sujets à être rongés par presque toutes les substances salines, huileuses, & même
aqueuses. C'est ce qui est cause que

pour les rendre d'un usage un peu
plus étendu, on les enduit d'étain in
térieurement ; mais malgré cette précaution ils sont infidéles dans une infinité d'occasions, & ne doivent point
être employés dans les opérations délicates & qui exigent beaucoup d'é-
xactitude, ils ne peuvent outre cela
résister à la violence du feu.

Les vaisseaux de terre sont de plusieurs espéces. Quelques-uns, dont la
matière est une terre réfractaire, sont
capables d'être exposés subitement au
grand feu, sans se casser, & même
de résister assés long-tems à une grande chaleur ; mais ils sont pour la plupart perméables, tant aux vapeurs
des matières qu'ils contiennent,
qu'aux verres métalliques, particulièrement à celui du plomb qui les
pénétre facilement & passe à travers
leurs pores, comme par un crible.
D'autres sont faits d'une terre, qui
étant recuite, paroît comme demi-vitrifiée : ils sont beaucoup moins po-
reux, capables de retenir les vapeurs
des matières qu'ils contiennent, &
même le verre de plomb en fusion ;

(ce qui eſt une des plus rudes épreu-ves auſquelles on puiſſe ſoumettre les vaiſſeaux) mais auſſi ils ſont plus fra-giles que les autres.

Les vaiſſeaux de bon verre doivent toujours être employés par préférence à tous les autres, toutes les fois que cela ſe peut, tant parcequ'ils ne don-nent point de priſe aux diſſolvans les plus actifs, & qu'ils ne laiſſent rien tranſpirer de ce qu'ils contiennent, que parcequ'étant tranſparens, ils laiſſent la liberté au Chymiſte, d'ob-ſerver ce qui ſe paſſe dans leur inté-rieur; ce qui eſt toujours utile & in-téreſſant : mais il eſt fâcheux que ces ſortes de vaiſſeaux ne puiſſent réſiſter à la violence du feu, ſans entrer en fuſion. Nous aurons attention en dé-crivant les différentes eſpéces d'inſ-trumens Chymiques & la manière de les employer, d'indiquer quels vaiſ-ſeaux ſont préférables aux autres dans les différentes occaſions.

La diſtillation eſt, comme nous l'a-vons dit, une opération par laquelle on ſépare d'un corps, à l'aide d'une chaleur graduée, les différens princi-pes qui le compoſent.

Il y a trois manières de diftiller. La première eft d'appliquer la chaleur au-deffus du corps dont on veut tirer les principes. Dans ce cas, comme les liqueurs échauffées & réduites en vapeurs tendent toujours à s'éloigner du centre de la chaleur, elles font obligées de fe réunir dans la partie inférieure du vafe qui contient la matière dont on fait la diftillation, & de paffer à travers les pores ou trous de ce même vafe, pour tomber dans un autre vafe froid qu'on ajufte deffous pour les recevoir. Cette manière de diftiller fe nomme à caufe de cela, diftillation *per defcenfum*; elle n'exige point d'autre appareil que deux vafes ayant la figure d'un fegment de fphère creufe, dont l'un qui eft percé de petits trous, & deftiné à contenir la matière qu'on veut diftiller, doit être beaucoup plus petit que l'autre qui doit contenir du feu & s'appliquer exactement fur lui, le tout enfemble étant foutenu verticalement fur un troifiéme vaiffeau, deftiné à fervir de récipient; dans l'orifice duquel la partie convexe

du vaisseau contenant la matière à distiller doit s'introduire, &
le boucher exactement. Cette manière de distiller est très - peu en
usage.

La seconde manière de distiller, est
d'appliquer la chaleur sous la matière
qu'on veut décomposer. Dans cette
occasion, les liqueurs échauffées, ra-
réfiées & réduites en vapeurs, s'é-
lèvent & vont se condenser dans un
vaisseau destiné à cela, dont nous allons donner la description. Cette manière de distiller se nomme distillation *per ascensum* ; elle est fort en
usage.

Le vaisseau dans lequel on fait la
distillation *per ascensum* se nomme
Alembic. Il y a plusieurs sortes d'a-
lembics qui diffèrent les uns des autres, par la matière & la manière
dont ils sont composés.

Ceux qu'on emploie pour retirer
des plantes les eaux odorantes, &
les huiles essentielles, sont ordinairement de cuivre. Ils sont composés
de plusieurs piéces. La première qui
est destinée à contenir la plante, a la

figure à peu près d'un cône creux,
dont la pointe est prolongée en forme
de cilindre creux ou de tuyau : cette
partie se nomme cucurbite, & son
tuyau col de l'alembic. Ce tuyau est
surmonté d'un autre vase avec lequel
il est soudé, qui se nomme chapiteau,
qui a aussi assés ordinairement la forme d'un cône, qui est joint au col
de l'alembic par sa base, autour de
laquelle, dans la partie intérieure, est
pratiquée une rigole, qui communique avec un orifice ouvert dans sa
partie la plus déclive. A cet orifice est
soudé un petit tuyau dont la direction est oblique de haut en bas ; il
porte le nom de bec du chapiteau.

Les matières contenues dans l'a-
lembic étant échauffées, il s'en éléve
des vapeurs qui montent le long du
col de l'alembic jusque dans le chapiteau, aux parrois duquel elles s'arrêtent, se condensent, & d'où elles
tombent par petits ruisseaux jusque
dans la rigole qui les conduit dans le
bec du chapiteau, & de-là hors de
l'alembic dans un vaisseau de verre
à long col, dans le col duquel le bec
est

eſt introduit , & avec lequel il doit
être luté.

Pour faciliter le refroidiſſement &
la condenſation des vapeurs qui cir-
culent dans le chapiteau , tous les
alembics de métal ont encore une
autre piéce qui eſt une eſpéce de grand
ſeau de même métal , ajuſté & ſoudé
autour du chapiteau. Cette piéce ſert
à contenir de l'eau bien froide , qui
raffraîchit continuellement ce même
chapiteau : cette piéce ſe nomme pour
cela le réfrigérent. L'eau du réfrigérent s'échauffe elle-même au bout
d'un certain tems , c'eſtpourquoi il
faut la renouveller de tems en tems :
on retire par le moyen d'un robinet
placé dans la partie inférieure du réfrigérent , celle qui commence à
s'échauffer. Les alembics de cuivre
doivent tous être étamés intérieurement , par les raiſons que nous en
avons données.

Lorſqu'on veut diſtiller des eſprits
ſalins, alors les alembics de métal ne
peuvent être d'aucun uſage , parcequ'ils ſeroient rongés par les vapeurs
ſalines. Il faut avoir recours dans ce

cas, à des alembics de verre. Ceux-ci
ne font compofés que de deux piéces,
favoir d'une cucurbite, dont l'orifice fupérieur peut s'introduire dans
le chapiteau, qui eft la feconde piéce,
& fe luter exactement avec lui.

En général, les alembics exigeant
que les vapeurs des matières qu'on
diftille s'élévent affés haut, ne doivent être employés que lorfqu'on veut
retirer d'un corps les principes les
plus volatils. Et plus les fubftances
qu'on veut féparer par la diftillation,
font légères & volatiles, plus il faut
que les alembics dont on fe fert ayent
de hauteur, parceque les parties les
plus lourdes ne pouvant s'élever que
jufqu'à une certaine hauteur, retom-
bent dans la cucurbite lorfqu'elles
y font parvenues, & abandonnent
en chemin les plus légères, aufquelles
leur volatilité permet de s'élever juf-
que dans le chapiteau.

Lorfqu'on veut diftiller quelque
matière qui exige que l'alembic foit
fort élevé, & qui pourtant ne fe peut
diftiller dans des vaiffeaux de métal,
on a recours à des vaiffeaux de verre

de figure ronde ou ovale, qui ont un LES VAIS-
col fort long, à l'extrémité duquel on SEAUX.
ajuste un petit chapiteau. Ces vaisseaux servent à plusieurs usages ; on
les emploie comme récipiens, & l'on
s'en sert aussi à tenir des matières en
digestion, ils portent pour lors le
nom de Matras. Lorsqu'on les fait servir à la distillation, & qu'ils sont gar-
nis d'un chapiteau, ils forment des
espéces d'alembics.

Il y a des alembics de verre, qui ALEMBICS
sont fabriqués de telle sorte dans la DE VERRE
verrerie, que la cucurbite & le cha- TUBULÉS.
piteau ne forment qu'une seule piéce
continue. Ces alembics n'exigeant pas
qu'on lute ensemble leurs différentes piéces, sont utiles dans les occasions où il s'éléve des vapeurs très-
subtiles & capables de pénétrer les
luts. Leur chapiteau doit être ouvert
dans sa partie supérieure, & garni d'un
gouleau court, par lequel au moyen
d'un entonnoir à long tuyau, on
introduit dans la cucurbite la matière qu'on veut distiller. Ce gouleau
se ferme exactement avec un bouchon
de verre, dont la superficie s'appli-

LES VAIS-
SEAUX.
F

que par tous ses points sur l'intérieur
de ce même gouleau, ces deux piéces
devant être usées l'une sur l'autre avec
l'émeri.

PÉLICANS. On a encore imaginé une autre
sorte d'alembic, dont on peut se servir avec avantage lorsqu'on veut re-
verser sur la matière de la cucurbite
la liqueur qu'on en a retirée par la distillation, ce qui se nomme cohobation; & sur-tout lorsqu'on a inten-
tion que cette cohobation soit réité-
rée un grand nombre de fois. L'ins-
trument dont il s'agit à présent est
construit comme celui que nous venons de décrire, excepté que le bec
de son chapiteau, au-lieu d'être dirigé comme celui des autres alembics,
forme un arc de cercle, & s'insere
dans la cavité de la cucurbite, pour
y reconduire la liqueur qui s'est ras-
semblée dans le chapiteau. Ordinairement ces instrumens ont deux becs
opposés l'un à l'autre ainsi dirigés : on
leur a donné le nom de Pélicans. Ils
évitent à l'Artiste la peine de déluter
& de reluter souvent les vaisseaux,
& la perte de beaucoup de vapeurs.

Il y a certaines substances qui fournissent dans la distillation des matières en forme concrette, ou qui se
subliment elles-mêmes en entier sous
la forme de poudres très-légères qu'on
nomme fleurs. Lorsqu'on distille ces
sortes de matières, on adapte à la cucurbite qui les contient, un chapiteau
qui n'a point de bec, & qui se nomme
chapiteau aveugle.

Lorsque les fleurs s'élévent en grande quantité & fort haut, on se sert
pour les rassembler de plusieurs chapiteaux, ou plutôt espéces de pots qui
n'ont que de la circonférence & point
de fond, qui s'ajustent les uns sur les
autres & forment une espéce de canal
qu'on allonge ou qu'on raccourcit
plus ou moins suivant la volatilité
des fleurs qu'on veut retenir. Le dernier de ces chapiteaux, ou celui qui
termine le canal, est fermé entièrement, & est un véritable chapiteau
aveugle. Ces vaisseaux se nomment
Aludels; ils sont ordinairement de terre ou de fayance.

Tous les vaisseaux dont nous avons
parlé jusqu'à présent ne sont propres

LES VAIS-
SEAUX.

CHAPI-
TEAU A-
VEUGLE.

ALUDELS.

LES VAIS-
SEAUX.
que pour la distillation des matières
légères & volatiles qui peuvent monter & s'élever aisément, comme sont
le phlegme, les huiles essentielles,
les eaux odorantes, les esprits acides
huileux, les alkalis volatils, &c. Mais
quand il s'agit de retirer par la distillation des principes beaucoup moins
volatils, qui ne peuvent s'élever qu'à
une très-petite hauteur, tels que les
huiles épaisses & fœtides, les acides
vitriolique, nitreux, marin, &c. on
est obligé d'avoir recours à d'autres
vaisseaux, & à une autre manière de
distiller.

CORNUES.
Il est facile d'imaginer que ces vaisseaux doivent avoir beaucoup moins
d'élévation que les alembics. Ils ne
font autre chose qu'une sphère creuse,
dégénérant en un col ou tuyau re-
courbé orisontalement : cet instru-
ment se nomme à cause de cela Retorte, ou Cornue; il est toujours d'u-
ne seule piéce.

L'on introduit dans le corps de la
cornue, par le moyen d'un entonnoir
à long tuyau, la matière qu'on veut
distiller. Ensuite on la place, dans

un fourneau conftruit exprès pour cet usage, de manière que le col de la cornue, fortant du fourneau, ait comme le bec du chapiteau de l'alembic, une fituation un peu oblique de haut en bas, pour faciliter la fortie des liqueurs qui font conduites par fon moyen dans un récipient dans lequel il eft introduit, & avec lequel il eft luté. Cette manière de diftiller, dans laquelle les vapeurs paroiffent plutôt être pouffées hors du vaiffeau orifontalement & latéralement, qu'enlevées, fe nomme à caufe de cela diftillation *per latus.*

Les cornues font de tous les vaiffeaux diftillatoires, ceux qui doivent éprouver la plus grande chaleur, & réfifter aux plus violens diffolvans; ainfi la matière dont elles font compofées ne doit point être du métal; on fait cependant quelques cornues de fer qui peuvent fervir dans certaines occafions. Les autres font ordinairement de verre ou de terre. Celles de verre, dans toutes les diftillations où elles ne doivent point être expofées à un feu affés violent pour

les faire entrer en fusion, sont préférables aux autres, par les raisons que
nous avons dites. Le meilleur verre,
celui qui résiste le mieux au feu & aux
dissolvans, est celui dans lequel il
entre peu de sels alkalis, tel est le verre verd d'Allemagne ; le beau verre
blanc & crystalin est beaucoup moins
de résistance.

Les cornues, de-même que les alembics, peuvent avoir différentes formes ;
lorsqu'on veut par exemple exposer à
la distillation dans ces sortes de vaisseaux, des matières qui se gonflent
facilement, & qui par cette raison
passent toutes entières par le col de
la cornue sans avoir souffert de décomposition, il convient de se servir
de retortes dont le corps, au lieu d'ê-
tre sphérique, est allongé en forme
de poire, & approche de la figure
d'une cucurbite. La distance qu'il y
a du fond de ces cornues jusqu'à leur
col étant beaucoup plus grande qu'elle
ne l'est dans celles dont le corps est
sphérique, les matières qui y sont
contenues ont beaucoup plus d'espace
pour se raréfier, & l'on prévient par
ce

ce moyen l'inconvénient dont nous
venons de parler. Les cornues qui ont
cette forme se nomment cornues An-
gloifes. Ces mêmes cornues tenant le
milieu entre les alembics & les cornues ordinaires, peuvent servir à diftiller les matières qui tiennent auffi le
milieu entre les plus & les moins volatiles.

Il est bon outre cela d'avoir dans un
laboratoire des cornues dont les cols
ayent plus ou moins de diamétre. Les
larges cols se trouvent utiles quand
ils doivent laiffer paffer des matières
épaiffes ou qui se figent aifément,
comme certaines huiles fœtides très-
épaiffes, le beurre d'antimoine, &c.
car ces matières venant à se figer auffitôt qu'elles n'éprouvent plus un certain dégré de chaleur, boucheroient
facilement un col étroit; & fermant
le paffage aux vapeurs qui fortent en
même-tems de la cornue, pourroient
occafionner la rupture des vaiffeaux.

On fait auffi des cornues qui ont
à leur partie supérieure qu'on nomme
la voute, une ouverture pratiquée
comme celle des alembics de verre tu-

LES VAIS- bulés, & qui doit se fermer avec un
SEAUX. bouchon de verre, de la même manière que celle de ces alembics : ces
cornues se nomment aussi cornues tu-
bulées. Elles doivent être employées,
lorsque pendant la distillation, il est
nécessaire d'introduire quelque nouvelle matière dans la cornue ; on peut
le faire par ce moyen, sans être obligé
de luter & de reluter les vaisseaux,
ce qu'il faut toujours éviter autant
qu'il est possible.

BALLONS. Une des choses qui embarrassent le
plus les Chymistes, est la prodigieuse
élasticité d'une infinité de vapeurs différentes qui sortent souvent avec im-
pétuosité pendant les distillations, &
qui sont même souvent capables de
faire crever les vaisseaux avec explosion, & danger de l'Artiste. Il faut nécessairement dans ces occasions donner de l'air, comme nous le dirons
dans son lieu, & laisser une issue libre
à ces vapeurs. Mais comme cela ne se
fait jamais sans en perdre une grande
quantité ; que même il y en a de si
élastiques, par exemple, celles de l'esprit de nitre, & sur-tout de l'esprit

de fel fumant, qu'il n'en resteroit **LES VAIS-** presque point dans les vaisseaux ; on a **SEAUX.** imaginé de se servir de récipiens très-grands, comme de dix-huit ou vingt pouces de diamétre, pour donner à ces vapeurs un espace assés grand, dans lequel elles puissent circuler ; & leur présenter en même-tems, dans les parrois intérieurs de ces grands récipiens une surface très-étendue, à laquelle elles puissent s'attacher & se condenser en gouttes. Ces grands récipiens ont ordinairement la figure d'une sphère creuse, on leur donne le nom de Ballons.

Pour augmenter même encore l'es-pace, on fabrique de ces Ballons, qui ont deux ouvertures diamétralement opposées, & garnies chacune d'un tu-yau ou gouleau, dans l'un desquels en-tre le col de la cornue, & dont l'au-tre s'introduit dans celui d'un second Ballon, de même forme, lequel se joint de la même manière avec un troisiéme, &c. Par cet artifice on aug-mente l'espace tant qu'on le juge à propos ; ces récipiens se nomment Ballons à deux becs ou Ballons enfilés.

BALLONS A DEUX BECS.

LES VAIS-
SEAUX.

On n'a befoin pour opérer fur les corps abfolument fixes, tels que les métaux, les pierres, les fables, &c.

CREUSETS.

que de vaiffeaux qui puiffent feulement les contenir & réfifter à la violence du feu. Ces vaiffeaux font de petits pots creux, plus ou moins grands & profonds qu'on nomme Creufets. Les creufets ne peuvent guères être que de terre ; ils doivent avoir un couvercle de la même matière qui puiffe les boucher exactement. La meilleure terre que nous connoiffions ici, eft celle avec laquelle on fait les pots dans lefquels on envoie le beurre de Bretagne ; ces pots eux-mêmes font de fort bons creufets ; ils font prefque les feuls, qui puiffent contenir le verre de plomb en fufion, & n'en être pas pénétrés.

TESTS A
ROTIR.

On fe fert pour la torréfaction des mines, c'eft-à-dire, pour leur enlever à l'aide du feu ce qu'elles contiennent de parties fulphureufes & arfénicales, de petits vafes de même matière que les creufets, mais qui font plats & évafés, pour laiffer exhaler plus librement les matières volatiles. On

nomme ces vaisseaux Tets à rotir ; ils **LES VAIS-**
ne font guères d'usage , que dans la **SEAUX.**
Docimasie , c'est - à - dire , lorsqu'on
fait seulement les essais des mines en
petit.

CHAPITRE XIX.

Théorie de la construction des Fourneaux
les plus usités en Chymie.

I L est très-important pour le succès **LES**
des opérations chymiques , de sa- **FOUR-**
voir conduire & administrer le feu **NEAUX.**
d'une manière convenable , & d'en
connoître les différens dégrés.

Comme il est très-difficile de se **L'ADMI-**
rendre maître de l'action du feu & de **NISTRATI-**
le modérer , quand on expose immé- **ON DU FEU.**
diatement sur le feu les vaisseaux dans
lesquels on fait les opérations , les
Chymistes ont imaginé de transmettre
la chaleur aux vaisseaux dans les opérations délicates , en la faisant passer
par différens milieux qu'ils interpo-
sent entre le feu & ces mêmes vaisseaux.

LES
FOUR-
NEAUX.

L'ADMI-
NISTRATI-
ON DU FEU.

BAINS-
MARIE ET
DE VA-
PEURS.

Ces substances intermédiaires dans lesquelles on plonge les vaisseaux, se nomment Bains. Elles sont ou fluides, ou solides; les fluides sont l'eau & ses vapeurs. Quand on plonge le vaisseau distillatoire dans l'eau, ce bain se nomme le Bain-marie; le plus grand dégré de chaleur dont il soit susceptible est celui de l'eau bouillante. Lorsqu'on expose le vaisseau seulement à la vapeur qui s'exhale de l'eau, cela forme le Bain de vapeurs; la chaleur de ce bain est à peu près la même que celle du Bain-marie. Ces bains sont d'usage pour la distillation des huiles essentielles, des esprits ardens, des eaux odorantes, en un mot de toutes les substances qui ne peuvent éprouver un dégré de chaleur plus considérable, sans s'altérer, ou dans leur odeur, ou dans quelques - unes de leurs autres qualités.

On peut faire aussi des bains avec tous autres fluides, tels que les huiles, le mercure, &c. qui peuvent recevoir & transmettre beaucoup plus de chaleur; mais il est rare qu'on les emploie. Quand on veut avoir un dégré de chaleur plus confidérable, on fait un bain avec quelque matière folide, réduite en poudre fine, telle que le fablon, les cendres, la limaille de fer, &c. On peut pouffer la chaleur de ces bains, jufqu'à faire rougir obfcurément le fond du vaiffeau. En plongeant un thermomètre dans le bain à côté du vaiffeau, il eft facile d'obferver précifément quel dégré de chaleur on applique aux fubftances fur lefquelles on opère. Il eft néceffaire que les thermomètres dont on fe fert foient conftruits fur de bons principes, & puiffent fe comparer facilement avec ceux des Phyficiens les plus célébres : ceux de l'illuftre M. de Reaumur font les plus ufités & les plus connus ; ainfi il eft bon de s'en fervir par préférence. Lorfque l'on veut pouffer la chaleur plus fort que les différens bains ne le permettent, il faut expofer les vaiffeaux immédiatement au-deffus des charbons ardens, ou de la flamme : cela s'appelle opérer à feu nud, il eft beaucoup plus difficile pour lors de déterminer les dérés de chaleur.

Bb iv

LES
FOUR-
NEAUX.

L'ADMI-
NISTRATI-
ON DU FEU.

Il y a plusieurs manières d'administrer le feu nud. Lorsqu'on fait réfléchir la chaleur ou la flamme sur la
partie supérieure même du vaisseau
qu'on échauffe, cela s'appelle feu de
réverbère. Le feu de fusion, est celui
qui est assés fort pour faire entrer en
fusion la plupart des matières. On
appelle feu de forge, celui dont on
excite encore l'activité par le vent
d'un ou de plusieurs soufflets qui
jouent continuellement.

Il y a encore une autre espéce de
feu, qui est très-commode pour beaucoup d'opérations, parcequ'on n'est
pas obligé de l'entretenir & de le renouveller fréquemment ; c'est celui
que fournit une lampe à un ou plusieurs lumignons : il se nomme le feu
de lampe. On ne l'emploie ordinairement que pour échauffer des bains,
lorsqu'il s'agit d'opérations qui demandent une chaleur douce & long-
tems continuée. S'il a quelque inconvénient, c'est d'augmenter de chaleur.

Toutes ces différentes manières
d'administrer le feu, demandent des
fourneaux de différentes construc-

tions. Nous allons donner la description des principaux , & des plus nécessaires.

On doit distinguer dans les fourneaux différentes parties ou étages qui ont leur usage & leurs noms particuliers.

La partie inférieure du fourneau , destinée à recevoir les cendres & à donner passage à l'air , se nomme cendrier. Le cendrier est terminé à sa partie supérieure par une grille dont l'usage est de soutenir le charbon , ou le bois qu'on y allume ; cette partie porte le nom de foyer. Le foyer lui-même est terminé à sa partie supérieure par plusieurs barres de fer posées paralellement les unes aux autres , & qui le traversent dans toute son étendue ; ces barres servent à soutenir les vaisseaux dans lesquels on fait les opérations. L'espace qui s'étend depuis ces barres jusqu'au haut du fourneau est la partie supérieure. Enfin quelques fourneaux sont entièrement fermés par en haut , au moyen d'une espéce de voute qu'on nomme dôme.

Les fourneaux ont outre cela plu-

LES
FOUR-
NEAUX.

L'ADMI-
NISTRATI-
ON DU FEU.

fieurs ouvertures, favoir une au cendrier, qui donne paffage à l'air, & par
laquelle on retire les cendres qui y
font tombées ; elle fe nomme porte du
cendrier ; une au foyer, par laquelle
on fournit de l'aliment au feu à mefure qu'il en a befoin ; elle fe nomme
bouche ou porte du foyer : une à la
partie fupérieure, qui doit laiffer paffer
le col des vaiffeaux ; une au dôme du
fourneau, par laquelle s'échappent les
fuliginofités des matières combuftibles ; elle fe nomme cheminée : enfin
plufieurs autres ouvertures dans les
différentes parties du fourneau, dont
l'ufage eft de laiffer paffer l'air dans
ces différens endroits, & qui pouvant être aifément fermées, fervent
auffi à augmenter ou rallentir l'activité du feu ; à le régir, ce qui
leur a fait donner le nom de regîtres.
Toutes les autres ouvertures du fourneau doivent auffi pouvoir fe fermer
exactement, pour faciliter l'adminiftration du feu, & font auffi par ce
moyen fonction de regîtres.

Pour fe former une idée jufte & générale de la conftruction des four-

neaux, & de la difpofition de leurs différentes ouvertures deftinées à augmenter ou à diminuer l'activité du
feu, il eft bon d'établir quelques principes de Phyfique, dont la vérité eft
démontrée par l'expérience.

LES
FOUR-
NEAUX.

L'ADMI-
NISTRATI-
ON DU FEU.

Premièrement, tout le monde fait
que les matières combuftibles ne peuvent bruler & fe confumer, que lorfqu'elles ont une libre communication
avec l'air ; enforte que lors même
qu'elles brulent avec la plus grande
activité, fi on vient à leur ôter la communication avec l'air, elles s'éteignent
fubitement ; que par conféquent l'air
fouvent renouvellé facilite infiniment
la combuftion, & qu'un torrent d'air
déterminé à paffer impétueufement à
travers des matières embrafées, donne
au feu qui en réfulte la plus grande activité qu'il puiffe avoir.

Secondement, il eft certain que l'air
qui touche ou qui eft proche des matières embrafées s'échauffe, fe raréfie,
devient plus léger que l'air qui l'environne & qui eft plus éloigné du centre
de la chaleur ; que par conféquent cet
air échauffé & plus léger eft néceffai-

LES
FOUR-
NEAUX.

L'ADMI-
NISTRATI-
ON DU FEU.

rement déterminé à monter & à s'élever, pour faire place à celui qui est
moins échauffé & moins léger, qui
tend par sa pésanteur à occuper la place que l'autre lui laisse ; que par conséquent aussi, si on allume du feu dans
un espace enfermé de toutes parts excepté dans la partie supérieure & inférieure, il doit se former dans ce lieu
un courant d'air dont la détermina-
tion sera de bas en haut, en sorte que
si on présente à l'ouverture inférieure
des corps légers, ils seront entraînés
vers le feu, & qu'au contraire si on les
présente à l'ouverture supérieure, ils
seront poussés par une force qui les
élévera & les éloignera de ce même
feu.

Troisiémement, enfin, c'est une vérité
démontrée dans l'hydraulique, que la
vîtesse d'une quantité donnée d'un
fluide déterminé à couler dans une direction quelconque est d'autant plus
grande, que ce fluide est resserré dans
un espace plus étroit, & que par conséquent on augmente la vîtesse de ce
fluide, en le faisant passer d'un canal
plus large dans un plus étroit.

Ces principes une fois pofés, il eft
facile de les appliquer à la conftruction des fourneaux. 1°. Le feu placé
dans le foyer d'un fourneau qui eft
ouvert de tous les côtés, brule à peu
près comme celui qui eft à l'air libre.
Il a avec l'air qui l'environne une
communication qui permet à cet air
de fe renouveller, & de l'entretenir
fuffifamment pour faciliter l'entière
combuftion des matières inflammables
qui lui fervent d'aliment. Mais cet air
n'étant point déterminé à paffer avec
rapidité à travers le feu ainfi difpofé,
il n'en augmente point l'activité, & le
laiffe bruler paifiblement.

Secondement, fi on ferme exactement le cendrier ou le dôme d'un fourneau dans lequel on a allumé du feu,
alors la communication de ce feu avec
l'air n'eft plus libre : fi c'eft le cendrier
qui eft fermé, on empêche l'air d'avoir
un libre accès vers le feu ; fi c'eft le
dôme, on empêche l'iffue de l'air que
le feu a raréfié, & par conféquent le
feu ainfi difpofé doit bruler foiblement & lentement, languir, & même
s'éteindre peu à peu.

LES
FOUR-
NEAUX.

L'ADMI-
NISTRATI-
ON DU FEU.

Les
Four-
neaux.

L'admi-
nistrati-
on du feu.

Troisiémement, si on bouche totalement toutes les ouvertures du fourneau, il est évident que le feu s'y étein-
dra très-promptement.

Quatriémement, si on ne ferme que
les ouvertures latérales du foyer, &
que le cendrier & la partie supérieure
du fourneau soient ouverts ; alors il
est clair que l'air entrant par le cendrier, sera nécessairement déterminé
à sortir par la partie supérieure ; que
par conséquent il doit se former un
courant d'air qui traversera le feu, &
le fera bruler avec vigueur & activité.

Cinquiémement, si le cendrier &
la partie supérieure du fourneau ont
une certaine longueur & représentent
des canaux soit cylindriques, soit
prysmatiques, l'air étant forcé à suivre sa direction pendant un plus
long espace, son courant en est plus
marqué & mieux déterminé, & par
conséquent le feu doit être animé davantage.

Sixiémement, enfin, si le cendrier &
la partie supérieure du fourneau, au-
lieu d'être des canaux prysmatiques
ou cylindriques, sont ou pyramidaux

LES
FOUR-
NEAUX.

L'ADMI-
NISTRATI-
ON DU FEU.

ou coniques , & qu'ils soient disposés de façon que l'ouverture supérieure du cendrier , celle qui répond au foyer , & qui doit être une pointe tronquée , soit plus grande que l'ouverture de la base du cône ou de la pyramide supérieure ; alors le cours de l'air qui est forcé de passer continuellement d'un espace plus grand dans un plus petit, doit s'accélérer considérablement , & par conséquent donner au feu la plus grande activité qu'on puisse lui procurer par la disposition du fourneau.

Les matières les plus propres à construire les fourneaux sont, 1°. les briques qu'on joint ensemble avec de la terre glaise mêlée avec du sable & détrempée avec de l'eau : 2°. La terre glaise mêlée avec des taissons pulvérisés , détrempée aussi avec de l'eau, & recuite à un feu violent : 3°. Le fer dont on peut construire tous les fourneaux ; mais avec la précaution de les garnir en dedans de beaucoup de pointes propres à retenir un enduit de terre, dont il faut absolument que l'intérieur de ces fourneaux soit re-

Les
Four-
neaux.

Four-
neau de
reverbe-
re.

vêtu, pour les garantir de l'action du feu.

Un des fourneaux des plus ufités en Chymie, eft celui qu'on nomme fourneau de réverbère ; c'eft celui qui fert aux diftillations qui fe font dans la cornue. Voici comment ce fourneau doit être conftruit.

Premièrement, l'ufage du cendrier étant, comme nous avons dit, de donner paffage à l'air & de recevoir les cendres, on ne rifque rien de lui donner de la hauteur ; on peut lui donner depuis douze jufqu'à vingt ou vingt-quatre pouces d'élévation. Son ouverture doit être affés grande pour donner paffage à des morceaux de bois qu'on y introdûit lorfqu'on veut avoir un grand feu.

Secondement, ce cendrier doit être terminé à fa partie fupérieure par une grille de fer dont les barres foient épaiffes & puiffent réfifter à l'action du feu ; cette grille eft la bafe du foyer, & deftinée à foutenir le charbon. Il doit y avoir dans la partie latérale du foyer, à peu près au niveau de la grille, une ouverture d'une grandeur convenable

LES FOUR-
NEAUX.

FOUR-
NEAU DE
REVERBE-
RE.

convenable pour qu'on puisse y introduire commodément du charbon, &
de petites pelles & pincettes pour arranger le feu : cette ouverture ou bouche du foyer doit être au-dessus de
celle du cendrier.

Troisièmement, depuis six jusqu'à
huit ou dix pouces au-dessus de la
grille du cendrier, il doit y avoir de
pouce en pouce des ouvertures de huit
ou dix lignes de diamètre, pratiquées
de telle sorte dans les parrois du fourneau, qu'elles soient diamétralement
opposées les unes aux autres. L'usage
de ces ouvertures est de recevoir des
barres de fer destinées à soutenir la
cornue. J'ai dit qu'il est bon que ces
ouvertures soient placées à différentes
hauteurs, c'est afin qu'elles puissent
être à la portée de cornues aussi de
différente hauteur. Au bord supérieur
de cette partie du fourneau qui s'étend
depuis les barres de fer jusqu'en haut,
& dont la hauteur doit être un peu
moindre que la longueur du diamètre
du fourneau, il doit y avoir une
échancrure demi-circulaire, destinée à
donner passage au col de la retorte.

C c

LES
FOUR-
NEAUX.

FOUR-
NEAU DE
REVERBE-
RE.

il faut observer que cette échancrure
ne doit point être au-dessus de la porte
du foyer & du cendrier, parceque re-
cevant le col de la cornue, & étant
par conséquent vis-à-vis le récipient,
ce même récipient se trouveroit aussi
vis-à-vis ces deux ouvertures, d'où
il résulteroit le double inconvénient,
qu'il s'échaufferoit beaucoup, & gê-
neroit infiniment l'Artiste, auquel il
interdiroit le libre accès de ces portes.
Il convient donc que cette échancrure
soit placée de façon que les plus gros
ballons étant lutés à la cornue, laiss-
sent entièrement libres les ouvertures
du foyer & du cendrier.

Quatriémement, pour fermer la
partie supérieure du fourneau de réverbère, on doit avoir un couvercle
de la figure d'un dôme ou d'une demi-
sphère creuse de même diamètre que
le fourneau. Ce dôme doit avoir dans
son bord inférieur une échancrure demi-circulaire qui soit le complément
de l'échancrure du fourneau, & qui
s'ajustant avec elle, forme par conséquent une ouverture circulaire, par
où doit passer le col de la cornue. La

partie supérieure du dôme doit avoir
aussi une ouverture circulaire de trois
à quatre pouces de diamétre, garnie
d'un bout de tuyau un peu conique,
de même diamétre & de trois pouces
de hauteur, qui sert de cheminée
pour donner issue aux fuliginosités &
accélérer le cours de l'air. On peut
fermer cette ouverture, quand il est
nécessaire, avec un couvercle plat. Le
dôme outre cela devant pouvoir être
enlevé & replacé facilement sur le
fourneau, a besoin d'être garni dans
ses côtés de deux mains ou anses; si
le fourneau est portatif, il faut qu'il
soit aussi garni de deux anses placées
entre le cendrier & le foyer, & opposées l'une à l'autre.

Sixiémement, enfin, il faut avoir
un canal conique d'environ trois pieds
de longueur, dont l'ouverture inférieure soit assés grande pour recevoir
le tuyau de l'ouverture supérieure du
dôme. On ajuste ce tuyau conique sur
le dôme, lorsqu'on veut que le feu ait
une grande activité; il dégénère par
en haut en une pointe tronquée qui
doit fermer une ouverture d'envi-

LES FOUR-
NEAUX.

FOUR-
NEAU DE
REVERBE-
RE.

LES
FOUR-
NEAUX.

FOUR-
NEAU DE
REVERBE-
RE.

ron deux pouces de diamétre.

Outre les ouvertures dont nous venons de faire mention pour le fourneau de réverbère, il doit encore en avoir plusieurs autres plus petites, pratiquées au cendrier, au foyer, à la partie supérieure & au dôme, qui toutes doivent pouvoir se fermer & s'ouvrir facilement par le moyen de bouchons de terre : ces ouvertures sont les regîtres du fourneau, & servent à régler l'activité du feu, conformément aux principes que nous avons établis.

Lorsqu'on veut que l'action du feu soit bien réglée & soit vive, il faut boucher exactement avec de la terre détrempée dans l'eau, les jours qui se trouvent dans la jonction* du dôme avec le fourneau, ceux que laisse le col de la cornue dans l'ouverture circulaire qui lui donne passage & qu'elle ne bouche jamais exactement, enfin les ouvertures qui reçoivent les barres de fer qui soutiennent la cornue.

Il est bon d'avoir dans un laboratoire plusieurs fourneaux de réverbère de différentes grandeurs, parcequ'il

faut que ces fourneaux soient propor-
tionnés aux cornues dont on se sert.
La cornue doit emplir le fourneau de
telle sorte qu'il n'y ait qu'un pouce de
distance entre elle & les parrois intérieurs de ce même fourneau.

LES FOUR-
NEAUX.

FOUR-
NEAU DE
REVERBE-
RE.

Lorsqu'on veut cependant exposer
la cornue au feu le plus violent, &
sur-tout que la chaleur agisse avec
une égale force sur toutes ses parties,
autant sur sa voute que sur son fond,
il faut laisser un plus grand intervalle
entre elle & le fourneau, parceque
pour lors on peut emplir ce même
fourneau de charbon jusqu'au haut du
dôme. Si avec cela on met quelques
morceaux de bois dans le cendrier,
qu'on ajuste sur la cheminée du dôme
le canal conique, & qu'on ferme
exactement toutes les ouvertures du
fourneau, excepté celles du cendrier,
on excite la plus grande chaleur que
ce fourneau puisse produire.

Le fourneau dont nous venons de
donner la description, peut aussi servir à une infinité d'autres opérations
chymiques. En supprimant le dôme,
on peut fort bien y placer un alembic;

LES
FOUR-
NEAUX.

FOUR-
NEAU DE
REVERBE-
RE.

mais il faut pour lórs boucher exactement avec de la terre à four détrempée, tout l'intervalle qui se trouve
entre le corps de l'alembic & le bord
de la partie supérieure du fourneau :
sans cette précaution la chaleur parviendroit aisément jusqu'au chapiteau, qu'il est important pour faciliter
la condensation des vapeurs de tenir
le plus fraîchement qu'il est possible.
Il convient donc dans cette occasion
de ne laisser d'autres ouvertures au
foyer, que celles qui sont latérales, encore faut-il boucher celles qui répondent au récipient.

On peut ajuster sur ce même fourneau une capsule, ou écuelle de terre
à larges rebords, qui ferme exactement toute la partie supérieure, &
dans laquelle on met du sable pour
distiller au bain de sable.

On peut, en supprimant les barres
destinées à soutenir les vaisseaux dis-
tillatoires, y mettre un creuset, & y
faire beaucoup d'opérations qui n'exigent pas un feu de la dernière violence. En un mot, ce fourneau est un des
plus commodes qu'on puisse avoir,

& celui dont l'usage est le plus é-
tendu.

Le fourneau de fusion est destiné à
faire éprouver aux substances les plus
fixes, telles que les métaux & les terres, la plus violente chaleur. On ne
s'en sert point pour la distillation : il
n'est d'usage que dans les calcinations
& fusions ; il ne doit recevoir par conféquent d'autres vaisseaux que des
creusets.

Le cendrier de ce fourneau ne différe de celui du fourneau de réverbère,
qu'en ce qu'il est plus élevé pour mettre le foyer à la portée des mains de
l'Artiste, parceque c'est dans cet endroit que se font toutes les opérations
de ce fourneau. La hauteur de ce cendrier doit par conséquent être d'environ trois pieds ; cette hauteur lui procure encore l'avantage de bien pom-
per l'air. On peut pour la même raison, & en conséquence des principes
que nous avons établis, le construire
de façon que sa largeur diminuant insensiblement de bas en haut, l'ouverture qui répond au foyer soit plus
petite que celle du bas.

LES
FOUR-
NEAUX.

FOUR-
NEAU DE
FUSION.

Le cendrier eſt terminé à ſa partie ſupérieure, comme celui du fourneau de réverbère, par une grille qui ſert de baſe au foyer, & qui doit être très-forte pour réſiſter à la violence du feu. On donne ordinairement aux parrois intérieurs de ce fourneau une courbure ellyptique, parceque les géométres démontrent que les ſurfaces qui ont cette courbure ſont très - propres à réfléchir les rayons du ſoleil ou du feu; de manière que ſe rencontrant dans un point ou dans une ligne, ils y produiſent une violente chaleur. Mais il faut pour cela que ces ſurfaces ſoient très-polies; avantage qu'il eſt très-difficile de procurer à la ſurface interne de ce fourneau, qui ne peut être que de terre: d'ailleurs quand on parviendroit à la polir, la violente action du feu que ce fourneau doit contenir détruiroit ce poli en très-peu de tems. La figure ellyptique n'eſt pourtant point entièrement inutile, parcequ'en obſervant de tenir la ſurface interne du fourneau la plus unie qu'il eſt poſſible, elle ne laiſſe point de réfléchir encore aſſés bien la chaleur, & de la réunir vers le centre.

Le foyer de ce fourneau ne doit avoir que quatre ouvertures. Premièrement, celle de la grille d'en bas qui communique avec le cendrier. Secondement une porte à la partie latérale & antérieure, par laquelle on introduit le charbon, les creusets, & les pinces qui servent à les manier : cette ouverture doit pouvoir se fermer exactement avec une plaque de fer enduite intérieurement de terre, & suspendue à deux gonds scélés dans le fourneau. Troisiémement au-dessus de cette porte un trou oblique de haut en bas, dirigé vers l'endroit où doit être le creuset : l'usage de ce trou est de donner à l'Artiste la liberté d'examiner, sans être obligé d'ouvrir la porte du foyer, en quel état sont les matières contenues dans le creuset : ce trou doit pouvoir s'ouvrir & se fermer facilement par le moyen d'un bouchon de terre. Quatriémement une ouverture circulaire d'environ trois pouces à la partie supérieure ou voute du fourneau, laquelle dégénere, comme celle du dôme du fourneau de réverbère, en un bout

LES
FOUR-
NEAUX.

FOUR-
NEAU DE
FUSION.

de tuyau conique d'environ trois pouces de hauteur, deftiné à s'introduire
dans le canal conique, dont nous
avons donné la defcription, & qui
s'ajufte fur le fourneau quand on veut
augmenter l'activité du feu.

Lorfqu'on veut fe fervir de ce fourneau, & y placer un creufet, il faut
avoir attention de pofer fur la grille
un culot de terre un peu plus large
que la bafe du creufet. Ce culot fert
à foutenir le creufet, & à l'élever
au-deffus de la grille ; il doit avoir
deux pouces de hauteur. Sans cette
précaution, le fond du creufet qui
feroit pofé immédiatement fur la grille, ne pourroit s'échauffer fuffifamment, parcequ'il feroit toujours expofé au torrent d'air froid qui entre
par le cendrier. Il faut obferver auffi
de faire rougir ce culot avant de le
mettre dans le fourneau, pour lui
enlever toute l'humidité qu'il pourroit contenir, & qui venant à frapper
le creufet pendant l'opération, pourroit en occafionner la rupture.

Nous avons omis de dire en parlant du cendrier, qu'il fautqu'outre

fa porte, il ait encore vers le milieu de fa hauteur une petite ouverture, capable de recevoir le tuyau d'un bon foufflet à deux vents qu'on y introduit, & qu'on fait jouer après avoir fermé exactement la porte, quand il eſt queſtion d'exciter l'activité du feu juſqu'à la dernière violence.

La forge n'eſt qu'un maſſif de briques d'environ trois pieds de hauteur, ſur la ſurface ſupérieure duquel eſt dirigée la tuyère ou porte-vent d'un gros foufflet à deux vents, diſpoſé de façon que l'Artiſte peut le faire jouer facilement d'une ſeule main. On place le charbon ſur l'aire de la forge proche la bouche du porte-vent; on l'aſſujétit s'il eſt néceſſaire, pour empêcher qu'il ne ſoit emporté par le vent du foufflet, en le renfermant dans un eſpace terminé par des briques; & pour lors en faiſant jouer le foufflet, on entretient le feu continuellement dans la plus grande activité. La forge eſt d'uſage, quand on a beſoin d'appliquer rapidement un grand dégré de chaleur à quelque ſubſtance, ou qu'il eſt néceſſaire que

LES
FOUR-
NEAUX.

FOUR-
NEAU DE
COUPELLE.

l'Artiste ait la liberté de toucher souvent aux matières qu'il expose à la fonte, ou à la calcination.

Le fourneau de coupelle est celui dans lequel on purifie l'or & l'argent, par le moyen du plomb, de l'alliage de toute substance métallique. Ce fourneau doit procurer une chaleur assés grande, pour vitrifier le plomb, & avec lui, tout ce que les métaux parfaits peuvent contenir d'alliage. Voici comment ce fourneau doit être construit.

Premièrement, il faut former avec des plaques de fer épaisses, ou le mélange de terre que nous avons indiqué pour les fourneaux, un prysme quarré & creux, dont les côtés ayent environ un pied de largeur, sur dix à onze pouces de hauteur, & qui se prolongeant & devenant convergens par le haut, forment une pyramide qui se trouve tronquée à la hauteur de sept à huit pouces, & terminée par une ouverture aussi de sept à huit pouces dans toutes ses dimensions. La partie inférieure du prysme, est terminée & clause par une plaque de

la même matière dont le fourneau
est construit.

Secondement, dans un des côtés
de ce prysme, (c'est celui qui doit
former la face antérieure) il y a une
ouverture de trois à quatre pouces de
hauteur, sur cinq à six de largeur : cette ouverture doit être tout proche de
la base; c'est la porte du cendrier.
Immédiatement au-dessus de cette
ouverture, on place une grille de fer
dont les barreaux sont des prysmes
quadrangulaires d'un demi-pouce d'é-
carissage, posés paralellement les uns
aux autres à la distance de huit à neuf
lignes, & disposés de façon que deux
de leurs angles soient opposés latéralement les uns aux autres, les deux
autres étant dirigés, l'un vers la partie supérieure, l'autre vers l'inférieure. Par le moyen de cette disposition, les barreaux de la grille ne présentant au foyer que des surfaces très-
inclinées, on empêche que les cendres & les charbons trop petits ne s'y
arrêtent & ne bouchent le passage à
l'air qui entre par le cendrier. Cette
grille termine le cendrier à sa partie

LES
FOUR-
NEAUX.

FOUR-
NEAU DE
COUPELLE.

LES
FOUR-
NEAUX.

O UR-
NEAU DE
COUPELLE.

supérieure, & sert de base au foyer.

Troisiémement, trois pouces ou trois pouces & demi au-dessus de la grille, dans le côté antérieur du fourneau, il y a une autre ouverture terminée en arc dans sa partie supérieure, ayant par conséquent la figure d'un demi-cercle : elle doit avoir quatre pouces de large dans sa partie inférieure, & dans son milieu trois pouces & demi de hauteur. Cette ouverture est la porte du foyer ; elle n'est cependant pas destinée aux mêmes usages que la porte du foyer des autres fourneaux ; nous dirons en expliquant la manière de se servir de ce fourneau, quel est son véritable usage. Un pouce au-dessus de la porte du foyer, dans la partie antérieure du fourneau, sont pratiqués deux trous d'un pouce environ de diamétre, & à trois pouces & demi de distance l'un de l'autre, auxquels répondent deux autres trous de même grandeur pratiqués dans la partie postérieure, & diamétralement opposés à ceux-ci. De plus, il y a un cinquiéme trou de même grandeur, placé environ un

LES
FOUR-
NEAUX.

FOUR-
NEAU DE
COUPELLE.

pouce au-deſſus de la porte du foyer. Nous parlerons de la deſtination de ces ouvertures, lorſque nous décrirons la maniere dont on doit ſe ſervir de ce fourneau.

Quatriémement, il y a à la partie antérieure du fourneau trois bandes de fer, dont l'une eſt placée au bas de la porte du cendrier, l'autre occupe tout l'eſpace qui ſe trouve entre la porte du cendrier & celle du foyer, & eſt percée de deux trous qui répondent à ceux que nous avons dit devoir être au corps du fourneau dans cet endroit, & la troiſiéme eſt placée immédiatement au-deſſus de la porte du foyer. Ces bandes doivent s'étendre depuis un des angles antérieurs du fourneau juſqu'à l'autre, & y être appliquées avec des chevilles de fer, de manière que leurs bords qui répondent aux portes s'écartant un peu du corps du fourneau, forment une raimure ou couliſſe dans laquelle doivent gliſſer des plaques de fer deſtinées à fermer les deux portes du fourneau, quand il eſt néceſſaire. Ces plaques de fer doivent être garnies chacune

Les
Four-
neaux.

Four-
neau de
coupelle.

d'une main ou anſe, afin qu'on puiſſe les faire mouvoir plus commodément. Il doit y en avoir deux vis-à-vis chaque porte, qui s'approchant l'une de l'autre, & ſe joignant exactement dans le milieu de la porte, la ferment entièrement. Les deux plaques deſtinées à fermer la porte du foyer doivent être percées à leur partie ſupérieure, l'une par une fente large d'environ deux lignes, & longue d'un demi-pouce, & l'autre par une ouverture demi-circulaire d'un pouce de hauteur ſur deux de large. Ces ouvertures doivent être placées de façon que ni l'une ni l'autre ne réponde à la porte du foyer, lorſque les deux plaques ſe joignent dans ſon milieu pour la fermer exactement.

Cinquiémement, il faut avoir pour terminer le fourneau à ſa partie ſupérieure, une pyramide de même matière que le fourneau, qui ſoit creuſe, quadrangulaire, haute de trois pouces ſur une baſe de ſept pouces, laquelle baſe doit s'ajuſter exactement à l'ouverture ſupérieure du fourneau ; la pointe de ce couvercle pyramidal doit dégénérer en un tube de trois pouces de diamétre, fur deux de hauteur préfque cylindrique, approchant cependant un peu de la figure conique. Ce tube fert, comme dans les fourneaux dont nous avons déja donné la defcription, à foutenir le canal conique qu'on ajoute à leur partie fupérieure, quand on veut donner au feu plus d'activité.

Le fourneau ainfi conftruit eft en état de fervir à tous les ouvrages aufquels il eft deftiné; il faut cependant pour pouvoir s'en fervir, avoir encore une piéce, qui quoiqu'elle foit indépendante du fourneau, eft cependant néceffaire dans toutes les opérations qu'on y exécute : cette piéce eft celle qui eft deftinée à contenir les coupelles ou autres vafes qu'on expofe au feu dans ce fourneau; elle fe nomme Mouffle. Voici comment elle eft conftruite.

Sur un quarré long de quatre pouces de large, & de fix ou fept de long, on éléve en forme de voute un demi-cylindre creux. Il en réfulte un canal demi-circulaire, ouvert par fes deux

LES
FOUR-
NEAUX.

FOUR-
NEAU DE
COUPELLE.

extrémités. On en ferme une presque
entièrement, observant seulement d'y
laisser près de la base deux petites ouvertures demi-circulaires. On pratique aussi de chaque côté deux ouvertures semblables, & on laisse l'autre
extrémité entièrement ouverte. Cela
forme ce qu'on appelle une Mouffle.
La mouffle est destinée à éprouver & à
transmettre la plus vive chaleur, c'estpourquoi elle doit être mince & composée d'une terre qui résiste à la violence du feu, telle qu'est celle des
creusets. La mouffle ainsi construite,
ayant été préalablement bien recuite, est en état de servir aux opérations.

Pour la mettre en œuvre, il faut l'introduire dans le fourneau par l'ouverture supérieure, & la poser sur deux
barres de fer qu'on introduit dans
les ouvertures qui sont au-dessous de
la porte du foyer. La mouffle doit
être placée sur les barres du foyer, de
manière que son extrémité ouverte réponde à cette même porte, & puisse
y être jointe avec du lut. On y place
ensuite les coupelles, puis on em-

plit le fourneau jusqu'à la hauteur de deux ou trois pouces au-deſſus de la mouffle, avec de petits charbons d'environ un pouce, afin qu'ils puiſſent bien s'arranger autour de la mouffle, & lui procurer une chaleur égale de tous les côtés. Le principal uſage de la mouffle eſt d'empêcher que les charbons & la cendre ne tombent dans les coupelles, ce qui ſeroit très-préjudiciable aux opérations qu'on y fait ; car le plomb devant ſe vitrifier, ne le pourroit, parceque le contact immédiat des charbons lui rendroit continuellement ſon phlogiſtique ; & le verre de plomb devant pénétrer & paſſer à travers les coupelles, en deviendroit incapable, parceque les cendres ſe mêlant avec lui, lui donneroient une conſiſtence & une ténacité qui détruiroient ou du moins diminueroient en lui conſidérablement cette propriété. Les ouvertures qu'on laiſſe dans la partie inférieure de la mouffle, ne doivent donc pas avoir aſſés d'élévation pour permettre au charbon & à la cendre de s'y introduire ; l'uſage de ces ouvertures eſt de faire parvenir plus

LES FOURNEAUX.

FOURNEAU DE COUPELLE

LES
FOUR-
NEAUX.

FOUR-
NEAU DE
COUPELLE.

facilement la chaleur & l'air jufqu'aux coupelles. La mouffle eft entièrement ouverte dans fa partie antérieure, pour donner à l'Artifte la liberté d'examiner ce qui fe paffe dans les coupelles, de les remuer, de les changer de place, d'y introduire de nouvelles matières, &c. & pour donner auffi un accès libre à l'air qui doit concourir avec le feu à l'évaporation néceffaire à la vitrification du plomb ; lequel air, s'il n'étoit fuffifamment renouvellé, feroit incapable de produire cet effet, à caufe de la quantité de vapeurs dont il feroit chargé, qui ne lui permettroit pas d'en foutenir de nouvelles.

L'adminiftration du feu dans ce fourneau eft fondée fur les principes généraux que nous avons établis pour tous les fourneaux. Cependant comme il y a quelques petites différences, & qu'il eft très-effentiel pour la réuffite des opérations qu'on y fait, que l'Artifte foit abfolument le maître du dégré de chaleur, nous allons expofer briévement comment il faut faire pour l'augmenter ou la diminuer.

LES
FOUR-
NEAUX.

FOUR-
NEAU DE
COUPELLE.

Le fourneau étant rempli de charbon & allumé, si on ouvre entièrement la porte du cendrier, & qu'on ferme exactement celle du foyer, on augmente la vivacité du feu; si de plus on met sur la partie supérieure son couvercle pyramidal, & qu'on y ajoute le canal conique, le feu devient encore plus ardent.

Comme les matières qui sont dans ce fourneau, sont entourées de feu de tous les côtés, excepté à la partie antérieure qui répond à la porte du foyer, & qu'il y a des cas qui exigent qu'elles éprouvent aussi l'action du feu même de ce côté-là; on a imaginé d'avoir pour ces occasions un réchaut de fer, auquel on peut donner la figure & la grandeur de cette porte. On l'emplit de charbons ardens, & on le place immédiatement devant cette ouverture; pour lors la chaleur se trouve encore beaucoup augmentée. On peut employer ce secours dans le commencement de l'opération, pour l'accélérer, & faire parvenir plus promptement la chaleur au point où elle doit être, ou lors-

LES
FOUR-
NEAUX.

FOUR-
NEAU DE
COUPELLE.

qu'on a besoin d'un feu bien ardent dans un tems où l'air étant chaud & humide, ne peut donner au feu toute l'activité nécessaire.

On diminue la chaleur en supprimant le réchaut & fermant entièrement la porte du foyer. On la rend encore moindre par dégrés, en ôtant le canal conique de la partie supérieure ; en ne fermant la porte du foyer qu'avec la plaque percée de la plus petite, ou de la plus grande ouverture ; en ôtant le couvercle pyramidal, en fermant la porte du cendrier en partie, ou totalement ; enfin en ouvrant entièrement la porte du foyer ; mais pour lors l'air froid pénétrant jusque dans l'intérieur de la mouffle, refroidit tellement les coupelles, qu'il est bien rare que dans aucune opération on ait besoin d'en venir-là. Si dans le cours de l'opération on s'apperçoit que la mouffle se refroidit dans quelqu'endroit, c'est une marque que le charbon laisse un vuide dans cet endroit ; il faut pour lors introduire une verge de fer dans le fourneau, par le trou qui est au-dessus de la porte du foyer, & remuer le charbon en différens sens, afin qu'il puisse mieux s'arranger, & remplir les interstices qu'il avoit laissées.

Il est bon de remarquer, qu'outre ce que nous avons dit touchant les moyens d'augmenter l'activité du feu dans le fourneau de coupelle, plusieurs autres causes peuvent encore concourir à procurer aux matières qui sont sous la moufle un plus grand dégré de chaleur ; par exemple, plus la moufle est petite, plus les trous dont elle est percée sont grands & nombreux ; plus on recule les coupelles vers son fond ou sa partie postérieure, plus les matières qu'elles contiennent éprouvent de chaleur.

Ce fourneau, indépendamment des opérations qui se font dans la coupelle, est encore très-utile & même nécessaire pour plusieurs expériences Chymiques ; telles sont par exemple celles qui se font sur différentes vitrifications, & sur les émaux. Lorsqu'on veut s'en servir,

LES FOURNEAUX.

FOURNEAU DE COUPELLE.

LES
FOUR-
NEAUX.

FOUR-
NEAU DE
LAMPE.

comme il a très-peu d'élévation , il est bon de le placer sur un massif de maçonnerie , qui le mette à la portée de la main de l'Artiste.

Le feu de lampe est , comme nous avons dit , très-utile pour toutes les opérations qui ne demandent qu'un dégré de chaleur modérée, mais long-tems continuée. Le fourneau dont on se sert pour opérer au feu de lampe est fort simple : ce n'est qu'un cylindre creux de quinze ou dix-huit pouces de hauteur & de cinq ou six de diamétre : il a dans sa partie inférieure une ouverture assés grande pour qu'on puisse y introduire une lampe , & l'en retirer commodément. Cette lampe doit avoir trois ou quatre mêches , afin qu'en en allumant plus ou moins, on puisse avoir plus ou moins de chaleur. Le corps du fourneau doit outre cela être percé de plusieurs petits trous destinés à donner à la flamme de la lampe assés d'air pour l'empêcher de s'éteindre.

La partie supérieure soutient un bassin de cinq ou six pouces de profondeur , lequel doit entrer juste dans

le

le fourneau, & être retenu à son extrémité par un rebord qui couvre entièrement celui du fourneau : ce baffin
fert à contenir le fable par l'interméde duquel on fait ordinairement
paffer la chaleur de ce fourneau.

On doit avoir outre cela une efpéce de couvercle ou dôme de même matière que le fourneau, & de
même diamétre que le bain de fable,
qui n'ait d'antre ouverture qu'un trou
pratiqué à son bord inférieur ayant
la figure d'un cercle prefqu'entier.
Ce dôme eft une efpéce de réverbère
qui fert à retenir la chaleur & à la
diriger vers le corps de la cornue ;
car on ne l'emploie que lorfque c'eft
un vaiffeau de cette efpéce dans lequel on fait la diftillation. L'ouverture inférieure fert à donner paffage au col de la rétorte. Ce dôme
doit être pourvu d'une anfe ou main,
pour pouvoir être enlevé & placé facilement.

Lès vaiffeaux, fur tout ceux de
verre & de terre communément nommée grès, font très-fujets à fe caffer,
lorfqu'ils éprouvent une chaleur,

LES
FOUR-
NEAUX.

FOUR-
NEAU DE
LAMBE.

ou un froid fubit : de-là vient que
fort fouvent en commençant à les
échauffer on les voit fe brifer, &
que la même chofe leur arrive lorfqu'étant bien échauffés, ils viennent
à être refroidis, foit par de nouveaux
charbons qu'on met dans le fourneau, foit par l'air froid qui peut y
entrer. Il n'y a pas d'autre moyen
de prévenir le premier de ces deux
inconvéniens, que d'avoir la patience
de les échauffer très-lentement, &
par dégrés prefqu'infenfibles. A l'é-
gard du fecond, on l'évite en en-
duifant le corps des vaiffeaux avec
une pâte ou lut, qui étant fec leur
fert de défenfif contre les attaques
du froid.

· La matière la plus propre à enduire
ainfi les vaiffeaux, eft un mélange
de terre graffe, de terre à four, de
fable fin, de limaille de fer, ou de
verre pulvérifé, de bourre de vache
hachée, le tout détrempé avec de
l'eau : ce lut fert auffi à défendre les
vaiffeaux de verre contre la violence
du feu, & à les empêcher de fe fondre facilement.

Il est essentiel, comme nous avons dit, dans presque toutes les distillations, de joindre exactement le col du vaisseau distillatoire, avec celui du récipient dans lequel il est introduit, pour empêcher que les vapeurs ne s'exhalent en l'air & ne se perdent : la jonction de ces vaisseaux se fait par le moyen d'un lut.

Pour arrêter les vapeurs aqueuses ou foiblement spiritueuses, il suffit d'appliquer autour du col des vaisseaux quelques morceaux de papier enduits de colle ordinaire.

Si les vapeurs sont plus âcres & plus spiritueuses, on peut se servir de bandes de vessie qu'on a laissé tremper long-tems dans l'eau, & qui contenant une espéce de colle naturelle, ferment assés bien les jointures des vaisseaux.

S'il est question de retenir des vapeurs encore plus pénétrantes, on peut avec de la chaux & une colle soit végétale soit animale, telle que les blancs d'œufs, la colle forte, &c. faire une pâte qui forme un lut qui s'endurcit beaucoup & en peu de tems. Ce lut eſt très-bon & ne ſe laiſſe pas aiſément pénétrer. On s'en ſert auſſi pour fermer les fentes ou fêlures qui ſe font aux vaiſſeaux de verre. Il n'eſt pourtant pas capable d'arrêter les vapeurs des eſprits acides minéraux, ſur-tout lorſqu'ils ſont forts & fumans, il faut pour cela y joindre de la terre graſſe bien détrempée & mêlée avec ces autres matières ; encore arrive-t-il ſouvent que ce lut quoique fortifié par la terre graſſe, ſe laiſſe pénétrer par ces vapeurs acides, ſur-tout celles de l'eſprit de ſel, qui de toutes ſont les plus difficiles à retenir.

On peut lui ſubſtituer dans ces cas un autre lut qui ſe nomme lut gras, à cauſe que les liqueurs avec leſquelles il eſt détrempé ſont effectivement des matières graſſes. Ce lut eſt compoſé d'une terre cretacée fort fine, la même que celle avec laquelle on fait les pipes à fumer, détrempée avec parties égales d'huile de lin cuite, & de vernis à l'embre jaune & à la gomme copale. Il faut qu'il ait la conſiſtnce d'une pâte tenace. On peut lorfqu'on a bouché avec un pareil lut les jointures des vaiſſeaux, les couvrir pour l'aſſurer davantage, avec des bandes de linge enduites du lut à la chaux & au blanc d'œuf.

L'impreſſion ſubite de la chaleur ou du froid n'eſt pas la ſeule cauſe qui occaſionne la rupture des vaiſ-ſeaux dans les opérations. Il arrive ſouvent que les vapeurs même des matières qui éprouvent l'action du feu, ſortent avec tant d'impétuoſité, & ſont ſi élaſtiques, que ne pouvant ſe faire jour à travers le lut dont on a fermé les jointures des vaiſſeaux, elles briſent ces mêmes vaiſſeaux, quel-quefois avec exploſion & danger de l'Artiſte.

Pour prévenir cet inconvénient, il faut que tous les récipiens dont on ſe ſert ſoient percés d'un petit trou, qui n'étant bouché qu'avec un peu de lut, peut être ouvert & refermé facilement quand cela eſt néceſſaire. Il ſert à donner de l'évent & à procu-rer une iſſue aux vapeurs, lorſqu'elles commencent à être trop abondantes dans le récipient. Il n'y a que l'uſage

qui puiffe apprendre à l'Artifte quand
il eft néceffaire de le déboucher.
Quand on le fait dans le tems convenable , les vapeurs fortent ordinairement avec rapidité , & en faifant
un fifflement confidérable ; il eft
tems de reboucher le trou quand le
fifflement commence à diminuer. Le
lut qui fert de bouchon à cette petite ouverture doit avoir toujours
un certain dégré de foupleffe , afin
que s'accommodant exactement à fa
figure, il puiffe la boucher exactement.
De plus fi on le laiffoit durcir fur le
verre , il s'y attacheroit fi fortement ,
qu'il feroit très-difficile de l'enlever
fans brifer le vaiffeau. On prévient
aifément cet inconvénient, en fe fer-
vant pour cela de lut gras , qui conferve très-long-tems fa foupleffe ,
quand il n'eft point expofé à une trop
grande chaleur.

Cette manière de boucher le trou
du récipient a encore un avantage :
c'eft que fi ce trou a une certaine grandeur, comme une ligne & demi , ou
deux lignes de diamétre , lorfque les
vapeurs fe trouvent en trop grande

quantité dans le récipient, & qu'elles
commencent à faire beaucoup d'effort fur les parrois, elles le pouffent,
l'enlévent, & fe font jour elles-mêmes
par cette ouverture. Par ce moyen
on eft toujours fûr de prévenir la
rupture des vaiffeaux. Mais il faut
avoir grand foin de ne laiffer échapper ainfi les vapeurs, que quand cela
eft abfolument néceffaire ; car c'eft
ordinairement la partie la plus forte
& la plus fubtile des liqueurs qui
fe diffipe de cette forte en pure perte.

La chaleur étant la principale caufe qui met en jeu l'élafticité des vapeurs, & qui les empêche de fe con-
denfer en liqueur, il eft très-important de tenir dans toutes les diftillations le récipient le plus froid qu'il
eft poffible. Il faut pour cela inter-
pofer entre lui & le corps du fourneau une planche épaiffe, qui in-
tercepte la chaleur & l'empêche de
parvenir jufqu'à lui. Les vapeurs elles-
mêmes fortant fort échauffées du
vaiffeau diftillatoire, communiquent
bientôt leur chaleur au récipient,
fur-tout à fa partie fupérieure, qui eft

l'endroit où elles vont d'abord frapper, c'est pourquoi il est bon d'avoir des linges trempés dans de l'eau bien froide, qu'on applique sur le récipient & qu'on a soin de renouveller souvent. On parvient par ce moyen à refroidir beaucoup les vapeurs, on diminue leur élasticité, & on facilite leur condensation.

Ce que nous avons dit dans cette première partie sur les propriétés des principaux agens chymiques, sur la construction des vaisseaux & fourneaux les plus nécessaires, & sur la manière de s'en servir, est suffisant pour nous mettre en état de traiter présentement des Opérations, sans être obligé de nous arrêter souvent & de nous interrompre pour donner là-dessus des explications qui auroient été indispensables. Nous ne laisserons cependant pas, quand l'occasion s'en présentera d'étendre encore cette théorie, & d'y ajouter plusieurs choses qui trouveront leur place dans le Traité des Opérations.

FIN.

TABLE
DES MATIERES.

F f

TABLE

DES MATIERES.

C

TABLE

D

E

F

O.

P.

TABLE

R.

S.

TABLE

T.

V.

Verre

DES MATIERES.

Fin de la Table des Matières.

APPROBATION

De Meffieurs les Docteurs-Régens de la Faculté de Médecine de Paris.

NOUS fouffignés, Docteurs-Régens de la Faculté de Médecine de Paris , Commiffaires nommés par ladite Faculté pour examiner un Livre de M. MACQUER notre Confrère , intitulé *Elémens de Chymie Théorique* , fommes perfuadés que l'ordre , la clarté & la méthode qui régnent dans cet Ouvrage en rendront la lecture très-profitable aux commençans , & très-agréable à ceux mêmes qui ont déja fait des progrès dans cette Science.

A Paris , le 2. Décembre 1748.

MALOUIN. DE JEAN. T. BARON.

CONSENTEMENT

De M. Martinenq, Doyen de la Faculté de Médecine.

VŪ le rapport de Messieurs Malouin, de Jean & Baron d'Hénouville Docteurs-Régens de la Faculté de Médecine de Paris, & nommés par elle pour examiner un manuscrit intitulé *Elémens de Chymie Théorique*, composé par M. MACQUER, Docteur-Régent en ladite Faculté : Je consens qu'il soit imprimé.

A Paris, le 2. Décembre 1748.

MARTINENQ, Doyen.

EXTRAIT des Regiſtres de l'Académie Royale des Sciences.

MEſſieurs HELLOT & MALOUIN qui avoient été nommés pour examiner un Ouvrage de M. MACQUER, intitulé *Elémens de Chymie Théorique,* en ayant fait leur rapport, l'Académie a jugé cet Ouvrage digne de l'impreſſion. En foi de quoi j'ai ſigné ce préſent certificat. A Paris, ce 25 Mai 1748.

GRAND-JEAN DE FOUCHY, *Secretaire perpetuel de l'Acad. Roy. des Scienc.*

PRIVILEGE DU ROI.

LOUIS par la grace de Dieu, Roi de France & de Navarre: A nos amés & feaux Conſeillers, les Gens tenans nos Cours de Parlement, Maîtres des Requêtes ordinaires de notre Hôtel, grand Conſeil, Prevôt de Paris, Baillifs, Sénéchaux, leurs Lieutenans Civils, & autres nos Juſticiers, qu'il appartiendra, SALUT. Notre ACADEMIE ROYALE DES SCIENCES, Nous a très-hum-

blement fait expofer , que depuis qu'il Nous
a plu lui donner par un Réglement nouveau
de nouvelles marques de notre affection ,
Elle s'eft appliquée avec plus de foin à cul-
tiver les Sciences , qui font l'objet de fes
exercices ; enforte qu'outre les Ouvrages
qu'elle a déja donnés au Public , Elle feroit
en état d'en produire encore d'autres , s'il
Nous plaifoit lui accorder de nouvelles
Lettres de Privilége , attendu que celles que
Nous lui avons accordées en date du fix
Avril 1693. n'ayant point eu de tems limi-
té , ont été déclarées nulles par un Arrêt de
notre Confeil d'Etat du 13. Août 1704.
celles de 1713. & celles de 1717 étant auffi
expirées ; & defirant donner à notredite
Académie en corps & en particulier , & à
chacun de ceux qui la compofent , toutes
les facilités & les moyens qui peuvent con-
tribuer à rendre leurs travaux utiles au Public , Nous avons permis & permettons par
ces Préfentes à notredite Académie , de faire
vendre ou débiter dans tous les lieux de notre obéiffance , par tel Imprimeur ou Libraire qu'elle voudra choifir , un Livre intitulé *Elémens de Chymie Théorique* , *&c.* & ce
pendant le tems & efpace de quinze années
confécutives , à compter du jour de la date
defdites Préfentes. Faifons défenfes à toutes
fortes de perfonnes de quelque qualité &
condition qu'elles foient , d'en introduire
d'impreffion étrangère dans aucun lieu de
notre obéiffance ; comme auffi à tous Im-

primeurs Libraires, & autres, d'imprimer, faire imprimer, vendre, faire vendre, débiter ni contrefaire ledit Ouvrage ci-deſſus ſpécifié, en tout ni en partie, ni d'en faire aucuns extraits, ſous quelque prétexte que ce ſoit, d'augmentation, correction, changement de titre, feuilles même ſéparées, ou autrement, ſans la permiſſion expreſſe & par écrit de notredite Académie, ou de ceux qui auront droit d'Elle, & ſes ayans cauſe, à peine de confiſcation des Exemplaires contrefaits, de dix mille livres d'amende contre chacun des contrevenans, dont un tiers à Nous, un tiers à l'Hôtel Dieu de Paris, l'autre tiers au Dénonciateur, & de tous dépens, dommages & intérêts : à la charge que ces Préſentes ſeront enregiſtrées tout au long ſur le Régiſtre de la Communauté des Imprimeurs & Libraires de Paris, dans 3 mois de la date d'icelles; que l'impreſſion dudit Ouvrage ſera faite dans notre Royaume & non ailleurs, & que notredite Académie ſe conformera en tout aux Réglemens de la Librairie, & notamment à celui du 10 Avril 1725. & qu'avant que de les expoſer en vente, le Manuſcrit ou Imprimé qui aura ſervi de copie à l'impreſſion dudit Ouvrage, ſera remis dans le même état, avec les Approbations & Certificats qui en auront été donnés, ès mains de notre très-cher & féal Chevalier Garde des Sceaux de France, le ſieur Chauvelin : & qu'il en ſera enſuite remis deux Exemplaires de chacun dans notre Bibliothèque publique, un dans celle de notre Château du Louvre, & un dans celle de notre très-cher & féal Chevalier Garde des Sceaux de France, le sieur Chauvelin, le tout à peine de nullité des Présentes : du contenu desquelles vous mandons & enjoignons de faire jouir notredite Académie, ou ceux qui auront droit d'Elle & ses ayans causes, pleinement & paisiblement, sans souffrir qu'il leur soit fait aucun trouble ou empêchement : Voulons que la Copie desdites Presentes qui sera imprimée tout au long au commencement ou à la fin dudit Ouvrage, soit tenue pour dûment signifiée, & qu'à la copie collationnée par l'un de nos amés & féaux Conseillers & Secrétaires, foi soit ajoutée comme à l'Original : Commandons au premier notre Huissier, ou Sergent de faire pour l'exécution d'icelles tous actes requis & nécessaires, sans demander autre permission, & nonobstant clameur de Haro, Charte Normande, & Lettres à ce contraires : Car tel est notre plaisir. Donné à Fontainebleau le douzième jour du mois de Novembre, l'an de grace mil sept cent trente-quatre, & de notre Regne le vingtième. Par le Roi en son Conseil. *Signé.* SAINSON.

Registré sur le registre VIII. *de la Chambre Royale & Syndicale des Imprimeurs & Libraires de Paris*, num. 792. fol. 775. *conformément au Réglement de* 1723. *qui fait defenses,*

Art. IV. à toutes perſonnes de quelque qualité & condition qu'elles ſoient, autres que les Imprimeurs & Libraires de vendre debiter & faire afficher aucuns Livres pour les vendre en leur nom, ſoit qu'ils s'en diſent les Auteurs ou autrement ; à la charge de fournir les Exemplaires preſcrits par l'Art. CVIII. du même Réglement. A Paris le 2. Novembre 1734.

G. MARTIN, Syndic.

CESSION.

JE ſouſſigné, reconnois avoir cédé à M. JEAN-THOMAS HERISSANT, Libraire à Paris, rue S. Jacques, mon droit au préſent Privilége, pour un Ouvrage de ma compoſition, intitulé : *Elémens de Chymie Théorique*, &c. pour en jouir en mon lieu & place, ſuivant les conventions faites entre nous. A Paris, le 15 Mai 1748.

MACQUER, Docteur-Regent de la Faculté de Médecine, & Membre de l'Académie Royale des Sciences.

EXPLICATION

DES PLANCHES.

PLANCHE PREMIERE.

*F*IGURE I. *Alembic de métal.*
A. La cucurbite,
B. Le col de l'Alembic.
C. Le chapiteau.
D. Bec du chapiteau.
E. Le réfrigérent.
F. Le robinet du réfrigérent.
G. Le récipient.

Figure II. *Alembic de verre.*

A. La cucurbite.
B. Le chapiteau.
C. La rigole du chapiteau.
D. Le bec du chapiteau.

Figure III. *Alembic de verre à long col.*

A. Le corps du matras.
B. Le col.
C. Le chapiteau.

Figure IV. *Retorte ou Cornue.*

A. Corps de la Cornue.
P. Son col.

Figure I. Alembic de verre d'une seule piéce.

A. La cucurbite.
B. Le chapiteau.
C. L'ouverture supérieure du chapiteau.
D. Le bouchon de l'ouverture.
E. Orifice de la Cucurbitte.

Figure II. Pélican.

A. La cucurbite.
B. Le chapiteau.
C. L'ouverture supérieure avec son bouchon.
DD. Les deux becs recourbés du Pélican.

Figure III. Aludels.

Figure IV. Cornue Angloise.

Figure V. Fourneau de réverbere.

A. Ouverture ou porte du cendrier.
B. Ouverture du foyer.
CCCC. Regîtres.
D. Le dôme ou le réverbere du fourneau.
E. Le canal conique.
F. La cornue placée dans le fourneau.
G. Le récipient.
HH. Barres de fer qui soutiennent la cornue.

Figure VI. le canal conique séparé du fourneau.
Figure VII. Mouffle vue par sa partie postérieure.

A. Base de la mouffle.
B. Sa voûte.
CCCC. Ouvertures latérales.

Fig. VIII. Mouffle vue par fa partie antérieure.

PLANCHE TROISIE'ME.

Figure I. Fourneau de fufion.

A. La bafe du fourneau.

B. Le cendrier.

C D. La grille du foyer.

E. Le foyer.

F. G. H. Courbure des parrois de la partie fupérieure du foyer.

I. La cheminée ou le canal.

Figure II. Fourneau de coupelle.

A. L'ouverture du cendrier.

B B. Les portes de cette ouverture.

C. Ouverture du foyer.

D D. Portes pour fermer cette ouverture.

E. F. Petites ouvertures de ces portes.

G G. Trous deftinés à placer les barres qui foutiennent la mouffle.

H H H. Bandes de fer à la partie antérieure du fourneau deftinées à former les rainures dans lefquelles gliffent les portes du cendrier & du foyer.

I. Partie fupérieure pyramidale du fourneau.

K. Trou dans cette partie pour arranger les charbons.

L. Ouverture de la partie fupérieure.

M. Couvercle pyramidal.

N. Cheminée du fourneau , ou bout de

tuyau fur lequel on peut ajufter le canal conique.

O O O'O. Anfes ou mains des portes.
P P. Anfes du couvercle.

Nota. *Les deux fourneaux repréfentés dans
cette Planche n'ont pas les grandeurs qu'ils doivent avoir l'un par rapport à l'autre ; le fourneau de coupelle eft à proportion du fourneau de
fufion beaucoup plus grand qu'il ne devroit être,
on lui a donné cette grandeur pour faire voir
plus commodément toutes fes parties, dont plufieurs auroient été trop peu fenfibles fi on l'eût
repréfenté plus petit.*

ERRATA.

Page 5 ligne 28 mixtes, *lif.* fubftances.
P. 120 l. 25 Zine, *lif.* Zinc.
P. 135 l. 2 tout comme, *lif.* comme.
P. 145 l. 27 au repos, *lif.* en repos.
P. 204 l. 17 de vin, *lif.* efprit de vin.
P. 224 l. 16 putrifié, *lif.* putréfié.
P. 225 l. 18 putrifiée, *lif.* putréfiée.

TABLE DES DIFFERENTS RAPPORTS
observés entre différentes Substances.

								SM								

Esprits acides, ▼ Terra absorbante. ♀ Cuivre. ♠ Souffre Minéral.

Acide du Sel Marin. SM Substances Métalliques. ♂ Fer. Principe Huileux ou Souffre Principe.

Acide Nitreux. ☿ Mercure. ♄ Plomb. ✝ Esprit de Vinaigre.

Acide Vitriolique. Régule d'Antimoine. Etain.

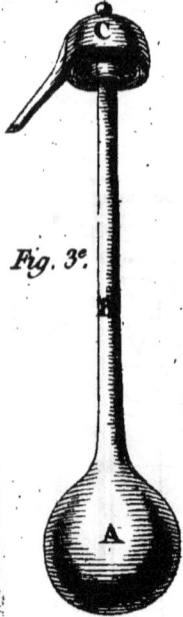

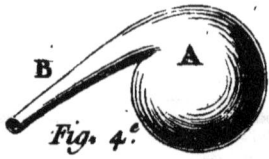

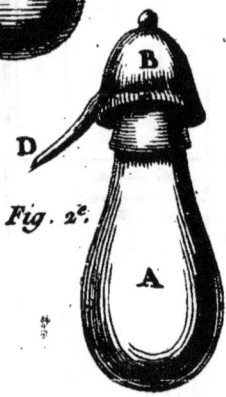

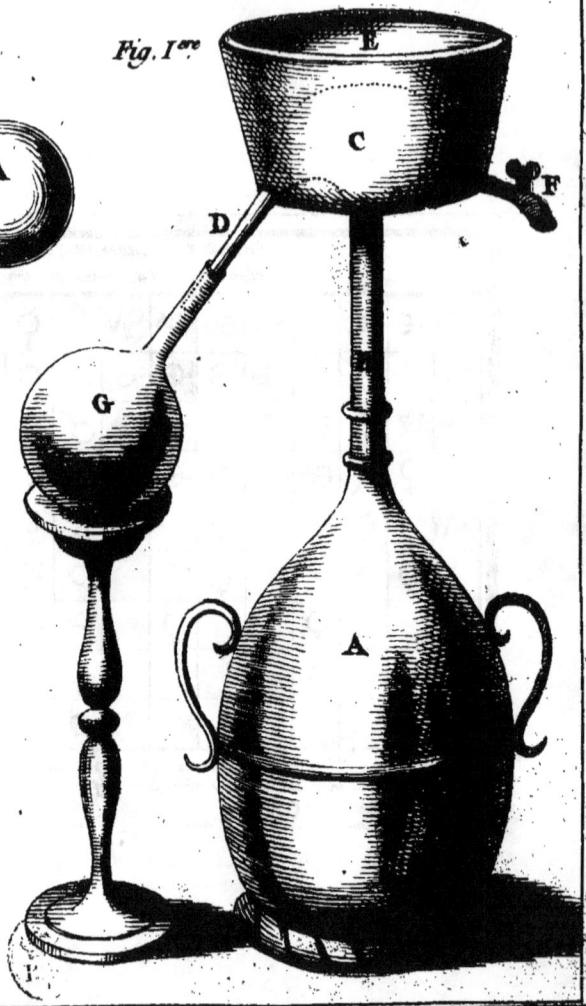

Fig. Iere

Fig. 4.^e

Fig. 3.^e

Fig. 2.^e

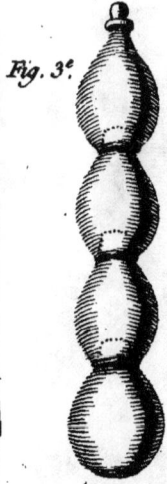

Fig. 3.

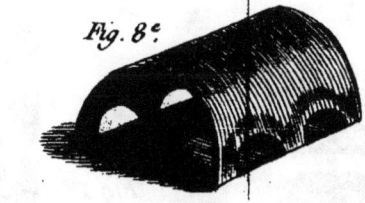

Fig. 8.

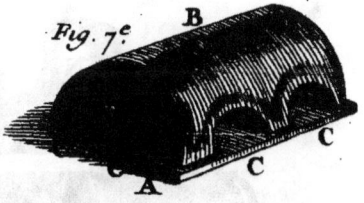

Fig. 7.

B

C

C

A

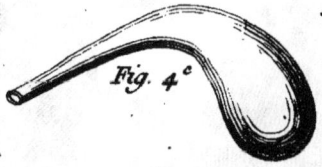

Fig. 4.

Fig. 6.

Fig. 5.

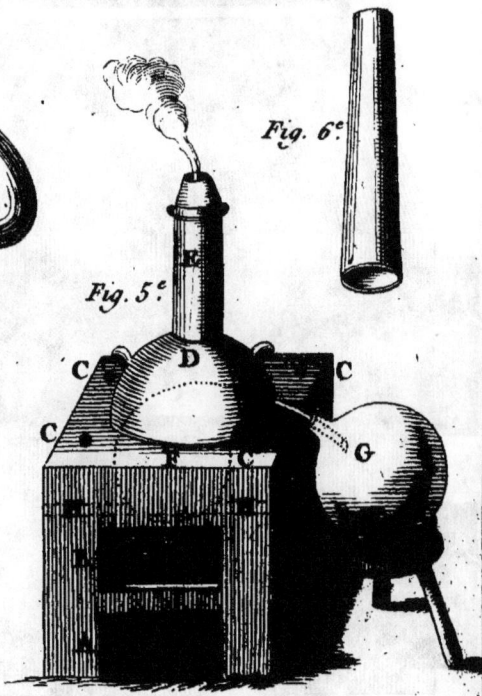

E

C

D

C

C

A

E

E

A

C

G

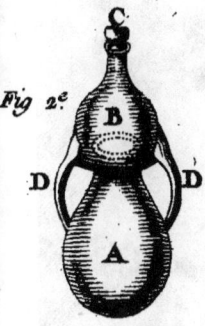

Fig. 2.

C

B

D

D

A

Fig. 1ere

D

C

B

E

A

B.R

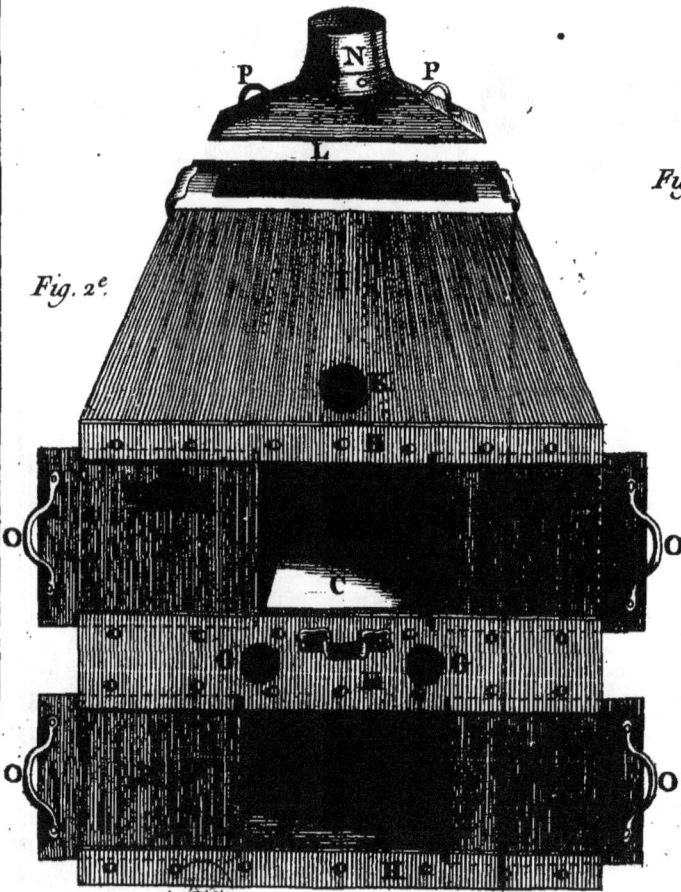

Fig. 2.ᵉ

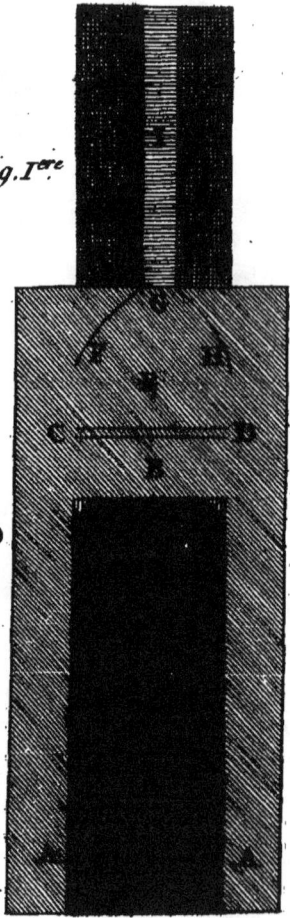

Fig. Iᵉʳᵉ